Karin Biala-Gauß

Chihuahuas

Praktische Ratschläge für Haltung, Pflege und Erziehung

2. neubearbeitete Auflage

NEUMANN-NEUDAMM

2. neuüberarbeitete Auflage

© 2007 Verlag J. Neumann-Neudamm AG
Schwalbenweg 1, 34212 Melsungen
Tel. 05661-9262-0, Fax 05661-9262-20
www.neumann-neudamm.de, info@neumann-neudamm.de

Printed in the European Community
Satz/Layout: J. Neuman-Neudamm AG
Titel: Aus dem Archiv der Verfasserin
Druck und Weiterverarbeitung: J. P. Himmer GmbH & Co. KG, Augsburg
Bildnachweis: Seite 82, 107 u. 112 Toni Angermeyer, Seite 73 u. 103 u. 113 Roberta,
Seite 33 von Susan Spahl,
Die übrigen Abbildungen stammen aus dem Archiv der Verfasserin

ISBN 3-7888-1133-4

Inhalt

4

Geschichte der Rasse

Für „Junge" Rassen besteht durchaus die Möglichkeit, die Spur der Vorfahren bis zum Ursprung zurückzuverfolgen. Bei Rassen aber, die bereits seit vielen Jahrhunderten oder gar Jahrtausenden existieren, ist das sehr schwierig, wenn nicht unmöglich; ihre wahre Entstehung wird wohl immer ein Geheimnis bleiben. Anhand von Funden, Höhlenzeichnungen und antiken Skulpturen können wir zwar gewisse Rückschlüsse ziehen, die abstrakten Darstellungen machen es jedoch oft unmöglich, diese kynologisch einwandfrei zu identifizieren und einzuordnen. Dazu kommt noch, dass das Rassebild im Laufe der Zeit einem ständigen Wandel unterzogen ist.

Der Chihuahua gehört zu den ältesten Hunderassen, und um seinen Ursprung gibt es so viele Rätsel wie bei kaum einer anderen Rasse. Dafür sind umso mehr (mehr oder weniger glaubhafte) Legenden um ihn entstanden.

Ursprung in Mexiko

Die Existenz von Hunden in Mexiko ist durch Ausgrabungen bis ins 3. Jahrhundert v. Chr. nachgewiesen. Funde von Plastiken zeigen häufig einen fetten, kleinen Hund auf relativ kurzen Beinen. Man weiß heute, dass diese Hunde kastriert und gemästet wurden, um danach geschlachtet und gegessen zu werden. Es handelte sich um eine haarlose Rasse, in der auch heute noch viele den Vorläufer des Chihuahuas sehen; als Beweis wird angeführt, dass bis heute in Chihuahua-Würfen zuweilen haarlose Welpen fallen. Diese nackten Chihuahuas gibt es tatsächlich, wenn auch sehr selten. Deren Haarlosigkeit hat jedoch mit der des Nackthundes nichts gemein. Es handelt sich beim nackten Chihuahua vielmehr um ein unglückliches Zusammentreffen gewisser Farbgene (Blauträger), die die Haarlosigkeit verursachen: Blaue Chihuahuas mit wenig andersfarbigen Abzeichen haben häufig kahle Stellen an Ohren, Kopf oder Rumpf. Einfarbig blaue Chihuahuas sind fast immer ganz kahl.

Eine andere Version, die gegen Anfang unseres Jahrhunderts aufkam, war die, dass der Chihuahua aus einer Kreuzung zwischen einem Hund und einem kleinen Nagetier entstanden sei. Diese „Story" gehört wohl ebenfalls in die

Märchenkiste, da Nachwuchs aus zwei verschiedenen Tiergattungen undenkbar ist. Es gibt Nachkommen aus Eltern verschiedener Arten, sie sind jedoch nicht selbst vermehrungsfähig.

Die populärste und seit Jahren als wahrscheinlich angenommene Ursprungsgeschichte ist die, dass der Chihuahua der heilige Hund der Tolteken gewesen sein soll. Die Tolteken waren ein voraztekisches, kriegerisches Volk, das im Hochtal von Mexiko lebte. In diesem Stamm wurden Tiere gehalten, die bei religiösen Festen geopfert wurden. Man nannte sie Techichi, und ihre Spur lässt sich bis in das 7. bis 9. Jahrhundert v. Chr. zurückverfolgen. Leider konnte niemals eindeutig nachgewiesen werden, dass der Techichi tatsächlich ein Hund war. Die Azteken, die das Erbe des Toltekenreiches antraten, hielten und verehrten Hunde, sie bevorzugten die Exemplare mit den sehr großen Augen, rundem Kopf und tiefem Stop. Man sagt sogar, dass man den Hunden runde Steinchen in den Stop eingebunden habe, um diesen noch markanter zu machen. Starb ein Azteke, so wurde er zusammen mit seinen Habseligkeiten und seinem Hund verbrannt. Die Indianer glaubten, dass die Hunde ihrem Herrn mit ihren großen, leuchtenden Augen den Weg über die neun Todesflüsse der Unterwelt ins Paradies weisen würden. Bevor die Tiere geopfert wurden, bekamen sie einen kleinen Strick aus Hanf um den Hals gebunden. An diesem sollte sich die Seele des Indianers beim Durchschwimmen der reißenden Flüsse festhalten. Da jedoch nach dem Glauben der Azteken nur diejenigen Hunde ihrem Herrn behilflich waren, die von diesem zu Lebzeiten gut behandelt worden waren, war man stets darauf bedacht, es den kleinen Hunden an nichts fehlen zu lassen. In Zeiten, in denen es nicht genügend Hunde gab, waren sie stets den Häuptlingen und führenden Kriegern vorbehalten.

Ursprung in Malta

Ende der 60er-Jahre erregte Mrs. E. Goodchild, eine der ersten Chihuahua-Züchterinnen Englands, einiges Aufsehen, als sie einen zusammenfassenden Bericht ihrer mehrjährigen Forschungen über den Ursprung des Chihuahuas im Jahrbuch des Britischen Chihuahua-Clubs veröffentlichte. In Zusammenarbeit mit namhaften Archäologen und Wissenschaftlern will sie herausgefunden haben, dass der Chihuahua um 700 v. Chr. von Ägypten nach Malta gekommen ist. In

Ein „Chihuahua", Detail aus
einem Fresko von Sandro
Botticelli in der Sixtinischen
Kapelle, Rom

ägyptischen Gräbern aus der Zeit des Römischen Reiches fand man bei Abydos mumifizierte Überreste von kleinen Hunden, geschmückt mit wertvollen, ledernen Halsbändern. Die Schädel der Hunde wurden untersucht und vermessen; besonders vermerkt wurde das Vorhandensein einer Schädelfontanelle, ein Merkmal, das man nur beim Chihuahua findet. Ungefähr aus dem Jahre 55 v. Chr. existiert eine Tontafel mit dem eingeritzten Bildnis eines Mannes, der zwei Hunde an der Leine hält. Die Unterschrift dieser Tontafel lautet: „Zwei kurznasige Malteser-Hunde und der Mann, der sie hält." Die Hunde haben so riesige Ohren, runde Köpfe und kurze Nasen, dass sie wie eine Chihuahua-Karikatur wirken; und sie sind eindeutig kurzhaarig!

Auf einem Fresko in der Sixtinischen Kapelle stellt Botticelli 1482 die Flucht der Israeliten aus der ägyptischen Gefangenschaft dar; darauf abgebildet ist ein kleiner, weißer Hund, den man wohl eindeutig als Kurzhaar-Chihuahua identifizieren kann. Botticelli muss einen solchen Hund schon irgendwo gesehen haben, und das zehn Jahre, bevor Kolumbus 1492 Amerika entdeckte! Auch heute findet man auf Malta noch Hunde, die dem Chihuahua aufs Haar gleichen. Um das Jahr 1960 kamen einige solcher Exemplare nach England. Vom Britischen Kennel Club wurden sie anstandslos als Chihuahuas übernommen. Aus ihrer Nachzucht stammen einige erfolgreiche Zucht- und Ausstellungs-Chihuahuas!

Schon um 1570 kamen vereinzelt Hunde dieses Typs nach England. Über sie wird sogar in einer Chronik vermerkt: „Je kleiner sie sind, desto wertvoller sind sie, umso mehr, wenn sie ein kleines Loch in der Schädeldecke aufweisen." Im rauhen englischen Klima, zu einer Zeit, da es noch keine Heizung gab, konnten diese winzigen Hunde jedoch nicht überleben. Sie starben meist kurz nach ihrer Ankunft, und die Rasse wurde so sehr schnell uninteressant.

Mrs. Goodchilds Malta-Theorie zeigt einen neuen Weg, in das Geheimnis um die Vergangenheit des Chihuahuas etwas Licht zu bringen. Sollte die seit Jahrzehnten als wahr angenommene Tolteken/Azteken-Version wirklich ein Irrtum sein? Ist der Chihuahua vielleicht tatsächlich im Mittelmeerraum entstanden und erst dann nach Mexiko gekommen? Könnten die Wikinger solche Hunde auf ihren Schiffen, etwa als Rattenfänger, gehalten und so mit nach Amerika gebracht haben, wo sie sich unter den günstigen klimatischen Bedingungen halten und vermehren konnten? Die ältesten, eindeutigen Funde stammen zweifellos aus Ägypten. Für die Malta-Theorie spricht außerdem: Die Bewohner waren schon aus Platzgründen bestrebt, möglichst kleine Haustiere zu halten und deren Zucht zu fördern; durch die Abgeschiedenheit der Insel war auch eine Reinzucht gesichert, was die Erhaltung des Typs bis in unsere Zeit erklären würde.

Welche der Ursprungstheorien man auch für wahrscheinlicher hält, sie haben eines gemeinsam: Es werden nur kurzhaarige Hunde erwähnt. Daraus beweist sich wohl eindeutig, dass der Langhaar-Chihuahua erst in unserem Jahrhundert durch Einkreuzung von anderen Rassen in Amerika herausgezüchtet wurde.

Anfänge der Zucht

Der Chihuahua in Amerika

Um ca. 1850 wurden von Touristen in der Nähe von Casa Grandes, im Staate Mexiko, kleine Hunde gesehen, die von Indianern gehalten wurden. Sie hatten auffallend lange Nägel, eine Schädelfontanelle und die gleichen großen, abstehenden Ohren wie unser heutiger Chihuahua. Nachdem ab 1880 das Eisenbahnnetz von Mexiko zunehmend ausgebaut wurde, hörte man immer häufiger Berichte von Reisenden, die bei ihrer Fahrt durch abgelegene Gebiete winzige, in Höhlen lebende Hunde gesehen haben wollten. Bald wurde es Mode, den Indianern diese „mexikanischen Hunde" abzukaufen und als Souvenir nach Nordamerika zu importieren. Diese Tiere hatten jedoch kaum eine Überlebenschance, da sie, um möglichst winzig zu erscheinen, entweder viel zu jung oder unterernährt verkauft wurden.

Ein offizieller Bericht über die Rasse erscheint erst 1914 in der Zeitschrift „Country Life in America". Verfasser ist James Watson, ein zu der Zeit sehr bekannter und geschätzter Preisrichter für Hunde. 1888 hatte er in El Paso von einem Eingeborenen für drei Dollar eine winzige Hündin mit hellrotem, biberähnlichem Haarkleid erworben, die er „Manzanita" nannte. Als diese im darauffolgenden Winter starb, war er sehr bemüht, wieder ein ähnliches Tier zu finden. Nach längerem Suchen fand er in Tucson (Arizona) einen kleinen Rüden und in El Paso weitere sechs Hunde, die aber alle sehr verschieden im Typ waren. Watson hat diese kleinen Hunde wohl nie als eigenständige Rasse angesehen, und in seinem 1906 erschienenen zweibändigen Hundelexikon hat er sie nicht einmal erwähnt. So stellte er auch keine Anforderungen an einen Rassetyp. Die von ihm gekauften Hunde waren alle verschieden: langhaarig, kurzhaarig, terrierähnlich, kurzbeinig usw. Gemeinsam hatten sie nur die geringe Größe, die großen, aufrecht getragenen Ohren und vor allem die Schädelfontanelle.

Im amerikanischen Zuchtbuch wird erstmalig 1904 ein Chihuahua registriert: Midget, ein roter Rüde. Stammvater der amerikanischen Chihuahua-Zucht war Caranza, ein roter Langhaar-Rüde. Er wurde zu Beginn des Jahrhunderts von einem gewissen Owen Wilster aus Mexiko importiert. Er starb leider viel zu früh durch einen Unfall: Nach einem schrecklichen Unwetter wollte er sich in den Zweigen einer umgestürzten Eiche verstecken. Sein Gefährte, eine halbblinde Dogge, muss ihn wohl für ein Eichhörnchen gehalten haben und tötete ihn. Sie war darüber wohl dermaßen erschrocken, dass sie kurz darauf an einem Herzschlag verendete.

1923 wurde der Amerikanische Chihuahua-Club gegründet und ein Rassestandard verfasst. Den Aktivitäten dieses Clubs ist es im Wesentlichen zu verdanken, dass der Chihuahua ab Ende der 60er-Jahre zu einer der beliebtesten Rassen Amerikas wurde.

Der Chihuahua in England

In England tauchten die ersten Chihuahuas ab 1900 auf. 1904 erschien ein Artikel in „Our Dogs", verfasst von Rosina Casselli. Miss Casselli reiste mit einer Truppe von ca. einem Dutzend dressierter Chihuahuas durch das Land. Um Werbung für sich und ihre Hunde zu machen, beschrieb sie diese Rasse als scheue, mexikanische Wildhunde, die von Indianern durch Einkreuzen von Haushunden domestiziert wurden. Wenn diese Geschichte auch reichlich übertrieben war, so weckte Miss Casselli mit ihr und mit der Vorführung ihrer Truppe das Interesse an der Rasse. Der erste Chihuahua-Wurf in England fiel 1934 von einer aus den USA importierten Hündin. Von den vier Welpen, die in einem Quarantänezwinger geboren wurden, überlebten zwei. Nach diesem Wurf erwarb die Züchterin sechs weitere Chihuahuas für ihren Zwinger. Die Zucht fand jedoch im Krieg ein jähes Ende, als das Haus von einer Bombe zerstört wurde.

Nach Kriegsende gab es in England so gut wie keine Chihuahuas mehr. Um weiter züchten zu können, benötigte man Importe aus Amerika und Mexiko, die jedoch durch die strengen Quarantänebestimmungen Englands sehr kostspielig und aufwändig waren.

Zwischen 1907 und 1940 wurden im Englischen Kennel Club insgesamt 59 Chihuahuas unter der Rubrik „ausländische Hunde" eingetragen. 1949, als der Britische Chihuahua-Club gegründet wurde, waren es noch ganze acht; durch Zucht und zahlreiche Importe nahmen die Eintragungen aber rasch wieder zu. Der erste Langhaar-Chihuahua kam 1954 nach England, wo er auf Anhieb viele Anhänger fand. Um sich teure Amerika-Importe zu ersparen, kreuzten Züchter häufig Papillons, Zwergspitze, Tibet-Spaniels und andere Langhaar-Rassen ein. Bis heute sind die Folgen solcher Einkreuzungen noch zu erkennen.

1954 wurde die Rasse vom Kennel-Club anerkannt und der Standard nach Abstimmung mit den Amerikanern überarbeitet. 1965 folgte die Trennung von Lang- und Kurzhaar-Chihuahuas in zwei unabhängige Rassen. Es war jedoch bis zum Jahr 1981 erlaubt, die beiden Varietäten miteinander zu kreuzen. 1969 wurde der Langhaar-Chihuahua-Club gegründet, und im Laufe der Jahre wurde der Langhaar ebenso beliebt wie der Kurzhaar, sodass die beiden Rassen heute in England zahlenmäßig etwa gleich liegen.

Der Chihuahua in Deutschland

In dem deutschen Sammelzuchtbuch des Verbandes für das Deutsche Hundewesen (VDH), des deutschen Dachverbandes, werden Chihuahuas erstmalig 1956 eingetragen. Erster Züchter in Deutschland war ein Arzt aus München, der mit Amerika-Importen wenige Würfe machte. Genauere Angaben sind leider nicht mehr möglich, da die Unterlagen über diese frühen Jahre nicht mehr aufzufinden sind. Seit 1963 wird die Rasse vom Verband Deutscher Kleinhundezüchter e.V. im VDH (gegr. 1948) betreut und in dessen Zuchtbuch eingetragen. Zwischen 1963 und 1969 wurden insgesamt 233 Welpen geboren, 48 Hunde aus Amerika und 12 aus England importiert. Zwischen 1970 und 1975 werden bereits über 1000 Welpen eingetragen; der Großteil der Importe kommt jetzt mit 108 Exemplaren aus England und nur noch zehn aus Amerika. 1976 erfolgt auch in Deutschland die Aufteilung in Kurzhaar- und Langhaar-Chihuahuas. Die beiden Varietäten dürfen ab diesem Zeitpunkt nicht mehr miteinander gekreuzt werden. Seit 1976 fallen jährlich zwischen 200 und 300 Welpen, wobei fast doppelt so viele Langhaar- wie Kurzhaar-Welpen gezüchtet werden. In den letzten Jahren scheint sich dieses Verhältnis noch mehr zuungunsten des Kurzhaar-Chihuahuas zu verschieben. Seit Anfang 1984 erlaubt die Föderation Cynologique Internationale (FCI = Internationaler Dachverband) wieder die Verpaarung von Kurz- und Langhaar-Chihuahuas. Es wird den einzelnen Mitgliedsländern jedoch freigestellt, hier Einschränkungen durch die Zuchtordnung zu erlassen. In Deutschland gibt es eine solche Einschränkung nicht mehr. Der Genpool der inzwischen sehr selten geworden Kurzhaar-Chihuahuas würde durch Restriktionen derart zusammenschrumpfen, dass die Rasse keine Überlebenschance mehr hätte. Da in England durch das Kreuzungsverbot das Qualitätsniveau erheblich nachgelassen hat, ist von dort ein gutes Zuchttier fast nicht mehr zu bekommen. Die Kurzhaar-Chihuahuas werden auf recht enger Basis gezüchtet, Negativgene treffen daher mit viel größerer Wahrscheinlichkeit zusammen, und die Langhaar-Chihuahuas zeigen heute durch das Wegfallen der typerhaltenden Kurzhaareinkreuzungen die „Sünden" der früheren Fremdrasseneinkreuzungen. Und außerdem hat uns das englische Zuchtgeschehen nach dem Kreuzungsverbot gelehrt, was daraus resultieren kann. Wir werden uns also davor hüten, den gleichen Fehler selbst zu machen!

Qualitätsmäßig hat sich in den letzten Jahren einiges getan, sodass wir mit Stolz behaupten können, dass unsere deutschen Spitzentiere auf dem europäischen Festland fast nicht zu schlagen sind. Allerdings gibt es eine Reihe von Züchtern, die ohne konkretes Zuchtziel verpaaren, sodass das Durchschnittsniveau, bundesweit gesehen, während der letzten 10 Jahre eher niedriger geworden ist.

Einen entscheidenden Einschnitt in der Zucht brachte uns 1990 die Wiedervereinigung. Obwohl es in der ehemaligen DDR die Rasse erst seit etwa 1975 gab (Importe aus Ungarn, Westdeutschland, Dänemark und sogar einen Rüden aus Amerika), erfreute sie sich dort einer außerordentlichen Beliebtheit, die Eintragungszahlen waren entsprechend relativ hoch. Obwohl sich die Züchter nach der Wende auf die verschiedensten Vereine in Deutschland verteilten, konnten alleine in das Zuchtbuch des Verbandes Deutscher Kleinhundezüchter etwa 70 Chihuahua-Kurzhaar und 250 Chihuahua-Langhaar (alles Zuchttiere!) aus der ehemaligen DDR übernommen werden. Die Welpeneintragungszahlen belaufen sich innerhalb des VDH seither auf etwa 1000 jährlich. Zuchtzahlen von Nicht-VDH-Verbänden, d. h. von Hunden aus nicht kontrollierten Zuchten im Sinne des FCI-Zuchtrechts, sind zwar nicht bekannt, sie dürften insgesamt jedoch deutlich darüberliegen, dazu kommt leider noch der derzeit schwunghafte „Handel" aus den europäischen Ostblockländern. Kurzum: die Rasse hat seit 1990 einen Aufschwung erfahren, den man sich vor wenigen Jahren auch in den kühnsten Träumen nicht vorzustellen gewagt hätte. Es bleibt zu hoffen, dass die Qualität der Rasse diesem Trend nicht zum Opfer fällt, so wie es bereits anderen Moderassen ergangen ist.

Ab etwa 1996 ist eine deutliche Zunahme an der Beliebtheit der Kurzhaarvariante zu verzeichnen. Nicht zuletzt dürfte unser Amerikanischer Champion „Regnier's Unforgiven" (Tiger) ein Auslöser dafür sein. Ein wunderschöner Rüde mit großer Persönlichkeit, der von uns sehr erfolgreich international ausgestellt wurde und viel Werbung für die Kurzen gemacht hat. Er erwies sich zudem noch als außerordentlicher Vererber, den man deutlich in seinen Nachkommen wieder erkannte Nur sein Sohn „Faraon dei Piccoli Topolini" hat ihn noch übertroffen: Neben unzähligen Champion- und Tagestiteln errang er zweimal den ersten und einmal den dritten Platz bei den Jahreswertungen der erfolgreichsten Ausstellungshunde der gesamten FCI-Gruppe 9 (Begleithunde). Mit seinem unerschrockenen, aber stets freundlichem Wesen und seiner läuferischen Ausdauer war er ebenfalls ein großer Werbeträger für die Rasse.

Dazu „schmückten" sich in den letzten Jahren immer mehr Stars und Sternchen mit einem Kurzhaarchihuahua, was dann immer einen Möchte-ich-auch-haben-Effekt in der Öffentlichkeit bewirkt. So dürfen wir einen momentanen Aufwärtstrend für unsere „Kurzen" erfahren, die über viele Jahre immer im Schatten des „langen Bruders" gestanden hatten.

Der Rassestandard

FCI-Standard Nr. 218/20.10.2004/D Chihuahua (Chihuahueno)

Übersetzung: Dr. J.-M. Paschoud und Frau Ruth Binder-Gresly.
Die Übersetzung der Änderungen wurden in Zusammenarbeit mit der F. C. A. (Argentinien) vorgenommen.

Ursprung: Mexico.

Datum der Publikation des gültigen Original-Sstandartes: 24. 03. 2004.

Verwendung: Gesellschaftshund.

Klassifikation FCI: Gruppe 9 Gesellschafts und Begleithunde. Sektion 6 Chihuahueño. Ohne Arbeitsprüfung.

Kurzer Geschichtlicher Abriss: Der Chihuahua gilt als der kleinste Rassehund der Welt und trägt den Namen der größten Provinz der Republik Mexiko (Chihuahua). Man nimmt an, dass diese Hunde dort früher in Freiheit lebten und zur Zeit der Zivilisation der Tolteken von den Eingeborenen eingefangen und domestiziert wurden. Darstellungen eines Zwerghundes, der «Techichi» hieß und in Tula lebte, wurden dort für Verzierungen der Stadtarchitektur verwendet; diese kleinen Statuen sehen dem heutigen Chihuahua sehr ähnlich.

Alida von Candybell

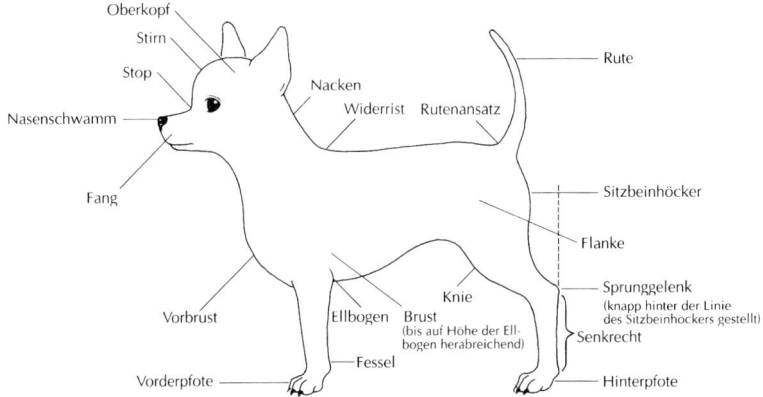

Allgemeines Erscheinungsbild: Dieser Hund hat eine kompakte Körperform. Von ganz wesentlicher Bedeutung ist die Tatsache, dass sein Schädel die Form eines Apfels hat und dass er seine mäßig lange Rute hoch erhoben trägt; entweder ist sie gebogen oder halbkreisförmig gerundet, mit gegen die Lendengegend gerichteter Spitze.

Wichtige Proportionen: Die Körperlänge ist etwas größer als die Widerristhöhe; gewünscht wird jedoch ein fast quadratischer Körper, speziell bei den Rüden. Bei den Hündinnen ist wegen der Trächtigkeit ein etwas längerer Körper zulässig.

Verhalten / Charakter (Wesen):
Flink, aufmerksam, lebhaft und sehr mutig.

Kopf-Oberkopf:
Schädel: Schön gerundet Apfelkopf (ein charakteristisches Merkmal der Rasse). Exemplare ohne Fontanelle sind vorzüglich, obwohl eine kleine Fontanelle zugelassen ist.
Stop: Sehr ausgeprägt, tief und breit, da die Stirne über den Ansatz des Fangs gewölbt ist.

Gebissschluss

Zange:
erlaubt

Schere:
korrekt

Vorbiss:
falsch

Rückbiss:
falsch

Gesichtsausdruck

Schere,
Zange

Vorbiss

Rückbiss

Gesichtsschädel:
Nasenschwamm: Mäßig kurz, geringfügig aufgeworfen; jede Farbe ist zulässig.
Fang: Kurz, von der Seite gesehen gerade, am Ansatz breit, sich gegen die Spitze hin verjüngend.
Lefzen: Trocken und gut anliegend.

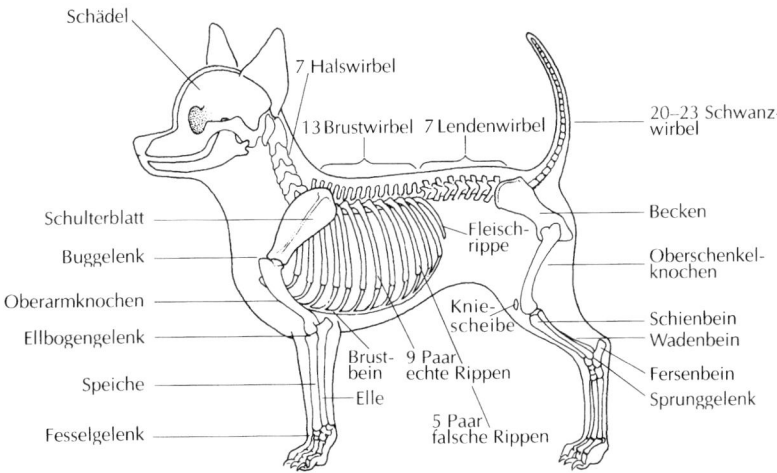

Schädel
7 Halswirbel
13 Brustwirbel 7 Lendenwirbel
20–23 Schwanz-wirbel
Becken
Schulterblatt
Fleisch-rippe
Buggelenk
Oberschenkel-knochen
Oberarmknochen
Knie-scheibe
Ellbogengelenk
Schienbein
Wadenbein
Brust-bein 9 Paar echte Rippen
Fersenbein
Speiche
Sprunggelenk
Elle
Fesselgelenk
5 Paar falsche Rippen

Wangen: Wenig entwickelt und sehr trocken.

Kiefer/Zähne: Scherengebiss oder Zangengebiss. Vorbiss und Rückbiss sowie jede andere Stellungsanomalie der Ober- oder Unterkiefer sind streng zu bestrafen.

Augen: Groß und von rundlicher Form, sehr ausdrucksvoll, nicht hervorquellend, vollkommen dunkel gefärbt. Helle Augen sind zulässig, aber nicht erwünscht.

Ohren: Groß, aufgerichtet, entfaltet und ausführlich geöffnet; breit an ihrem Ansatz, sich gegen die leicht abgerundete Spitze allmählich verjüngend. In der Ruhestellung sind sie seitlich in einem Winkel von 45° geneigt.

Hals: Obere Linie: Leicht gewölbt.
Länge: Mittellang
Form: Dicker bei den Rüden als bei den Hündinnen.

Haut: Ohne Wamme; bei der langhaarigen Varietät ist das Vorhanden-sein einer Halskrause mit längerem Haar höchst erwünscht.

Körper: Kompakt und gut gebaut.

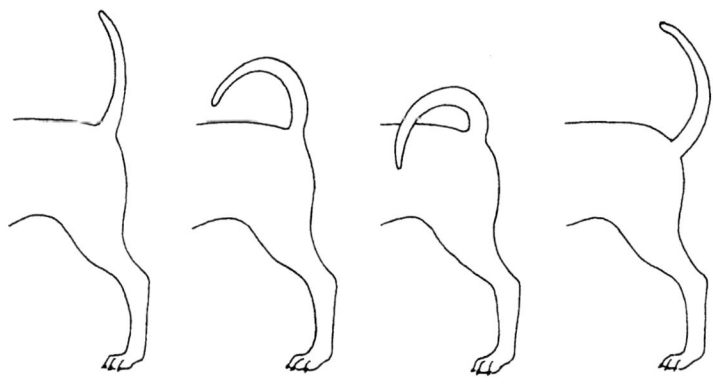

| Rute korrekt | Rute korrekt:
im Bogen über
dem Rücken | Rute falsch:
überzogen
oder aufgelegt | Rute falsch:
zu tief
angesetzt |

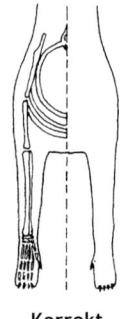 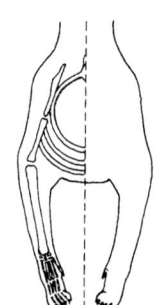 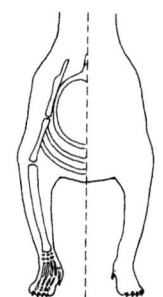

| Korrekt | Falsch:
lose in den Ellbogen,
Pfoten eingedreht | Falsch:
lose in den Ellbogen,
Pfoten ausgedreht: =
Chippendale-Font |

Obere Profillinie: Gerade.

Widerrist: Wenig ausgeprägt.

Rücken: Kurz und fest.

Lenden: Stark muskulös.

Kruppe: Breit und stark, fast flach oder leicht geneigt.

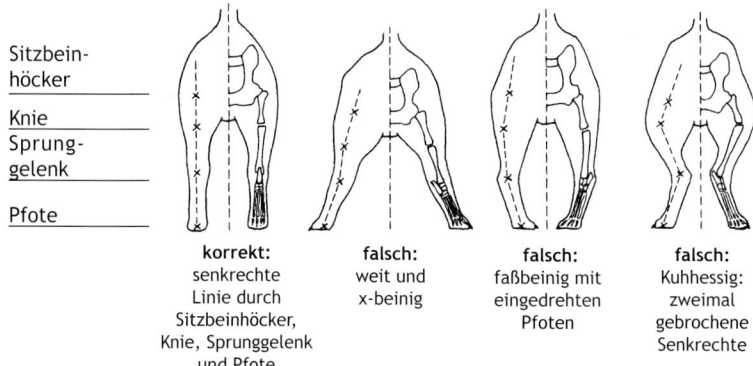

Sitzbein-höcker				
Knie				
Sprung-gelenk				
Pfote				

korrekt:
senkrechte
Linie durch
Sitzbeinhöcker,
Knie, Sprunggelenk
und Pfote

falsch:
weit und
x-beinig

falsch:
faßbeinig mit
eingedrehten
Pfoten

falsch:
Kuhhessig:
zweimal
gebrochene
Senkrechte

Brust: Brustkorb breit und tief, Rippen gut gewölbt; von vorne gesehen geräumig, aber nicht übertrieben; von der Seite gesehen, bis zu den Ellenbogen reichend; nicht fassförmig.

Untere Profillinie und Bauch: Durch einen deutlich aufgezogenen Bauch gebildet. Ein schlaffer Bauch ist zulässig, aber nicht erwünscht.

Rute: Hoch angesetzt und von mäßiger Länge; am Ansatz breit, sich gegen die Spitze zu allmählich verjüngend, flach aussehend. Die Tragart der Rute ist ein wichtiges charakteristisches Merkmal der Rasse, bei Bewegung befindet sie sich entweder hoch im Bogen erhoben getragen, oder halbkreisförmig gerundet mit gegen die Lendengegend gerichteter Spitze, was dem Körper Ausgewogenheit verleiht, niemals zwischen den Läufen oder unterhalb der Oberlinie aufgerollt. Die Behaarung ist entsprechend der Haar-Varietät dem Haarkleid des übrigen Körpers angepasst. Bei der langhaarigen Varietät bildet das Haar Federn. In der Ruhestellung ist die Rute hängend und bildet einen leichten Haken.

GLIEDMASSEN

Vorderhand: Vorderläufe gerade und von guter Länge; von vorne gesehen bilden sie mit dem Ellenbogen eine gerade Linie; von der Seite gesehen stehen sie senkrecht. Schultern: Trocken und wenig bemuskelt; die Winkelung zwischen Schulterblatt und Oberarm ist angemessen.

19

Ellenbogen: Fest und eng am Körper anliegend, was eine freie Bewegung der Vorderhand gewährt.
Vordermittelfuß: Leicht schräg gestellt, kräftig und biegsam.

Hinterhand: Gut bemuskelt, mit langen Knochen, senkrecht und zu einander parallel, mit guten Winkelungen am Hüftgelenk, am Knie und am Sprunggelenk, in Übereinstimmung mit den Winkelungen der Vorderhand.
Hintermittelfuß: Kurz, mit gut ausgebildeten Achillessehnen; von hinten betrachtet sind sie gerade und senkrecht gestellt.

Kurzhaar-Chihuahua

Pfoten: Sehr klein und oval, mit gut auseinanderstehenden, aber nicht gespreizten Zehen (weder Hasenpfoten noch Katzenpfoten); die Krallen sind besonders gut gewölbt und mäßig lang; die Ballen sind gut entwickelt und sehr elastisch; Afterkrallen müssen entfernt sein, außer in Ländern wo das Kupieren gesetzlich verboten ist.

Gangwerk: Der Schritt ist lang und elastisch, energisch und aktiv, mit gutem Vortritt der Vorderhand und gutem Schub der Hinterhand. Von hinten gesehen sollen sich die Hinterläufe zueinander fast parallel bewegen, sodass die Fußspuren der Hinterpfoten genau in diejenigen der Vorderpfoten zu liegen kommen. Mit zunehmender Geschwindigkeit zeigen die Gliedmaßen die Tendenz, in Richtung der zentralen Schwerpunktslinie zu konvergieren (single track). Dabei bleibt der Bewegungsablauf frei und elastisch, ohne sichtbare Anstrengung, der Kopf erhoben und der Rücken fest.

Haut: Glatt und elastisch auf der ganzen Körperoberfläche.

HAARKLEID

Haar: In dieser Rasse existieren zwei Haar-Varietäten.

Varietät Kurzhaar:

Das Haar ist kurz und am ganzen Körper gut anliegend; wenn Unterwolle vorhanden ist, ist das Haar etwas länger; leichtes Haar an der Kehle und am Bauch ist zulässig; das Haar ist etwas länger am Hals und an der Rute, kurz im Gesicht und an den Ohren. Es ist glänzend und seine Beschaffenheit ist weich. Haarlose Hunde werden nicht geduldet.

Varietät Langhaar:

Das Haar soll fein und seidig sein, schlicht oder leicht gewellt; eine nicht zu dichte Unterwolle ist erwünscht. Das Haar ist länger und bildet Federn an den Ohren, am Hals, an der Hinterseite der vorderen und hinteren Extremitäten, an den Pfoten und an der Rute. Hunde mit langem und aufgebauschtem Haar wie ein Malteser werden nicht akzeptiert.

Ein typisch maskuliner
Rüde

Farbe: Alle Farben in allen möglichen Schattierungen und Kombinationen sind zulässig.

Gewicht: Bei dieser Rasse wird nur das Gewicht in Betracht gezogen, nicht die Grösse.
Gewicht: Ideal Gewicht zwischen 1,5 und 3 kg. Trotzdem werden Hunde zwischen 500 gr. und 1,5 kg akzeptiert. Exemplare über 3 kg werden ausgeschlossen.

Fehler:

Jede Abweichung von den vorgenannten Punkten muss als Fehler angesehen werden, dessen Bewertung in genauem Verhältnis zum Grad der Abweichung stehen sollte.

- Fehlen einzelner Zähne.
- Verdoppelung von Zähnen (Zurückhaltung der Milchzähne).
- Deformierte Kiefer.
- Zugespitzte Ohren.
- Kurzer Hals.
- Langer Körper.
- Aufgezogener Rücken oder Senkrücken (Lordose oder Xyphose).
- Abfallende Kruppe.
- Schmale Brust, flacher Rippenkorb.
- Schlecht angesetzte, verdrehte oder kurze Rute.
- Kurze Gliedmaßen.
- Abstehende Ellenbogen.
- Zu eng gestellte Hinterläufe.

Schwere Fehler:

- Schmaler Schädel.
- Auge klein, eingesunken oder hervorquellend.
- Langer Fang.
- Vor- und Rückbiss.
- Luxation der Kniescheibe.

Ausschliessende Fehler:

- Aggressiv oder ängstlich.
- „Hirschähnlicher" Typ (Hunde mit einer untypischen Struktur oder: ein sehr feiner Kopf, langer Hals, schlanker Körper, lange Läufe).
- Exemplare mit einer sehr offenen Fontanelle.
- Hängeohr oder kurzes Ohr.
- Extrem langer Körper.
- Fehlen der Rute.

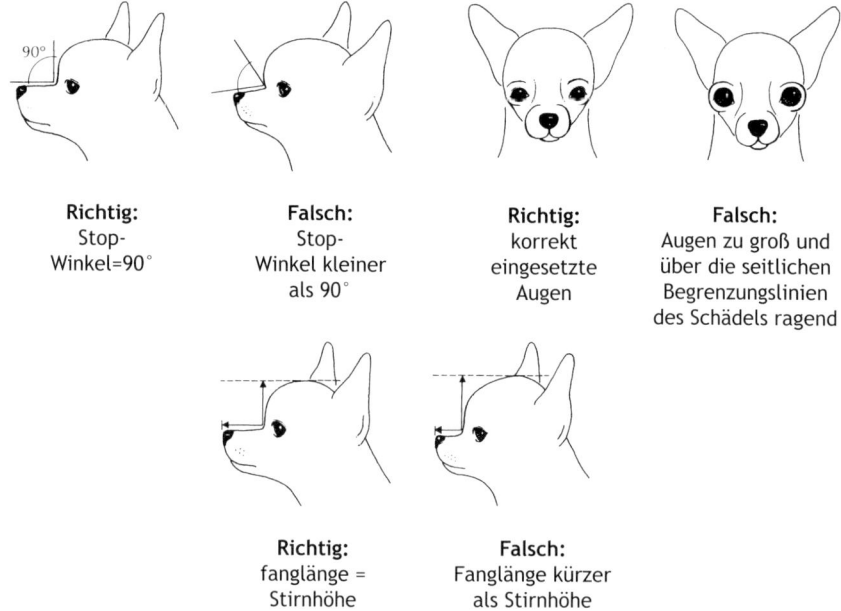

Richtig:
Stop-
Winkel=90°

Falsch:
Stop-
Winkel kleiner
als 90°

Richtig:
korrekt
eingesetzte
Augen

Falsch:
Augen zu groß und
über die seitlichen
Begrenzungslinien
des Schädels ragend

Richtig:
fanglänge =
Stirnhöhe

Falsch:
Fanglänge kürzer
als Stirnhöhe

- Bei der Varietät Langhaar: Hunde mit sehr langem, feinem und wie beim Malteser aufgebauschtem Haar.
- Bei der Varietät Kurzhaar: haarlose Obwohl der Chihuahua- Standard recht ausführlich ist, lässt er doch an manchen Stellen einen gewissen Spielraum für unterschiedliche Auslegungen. Die nachstehenden Standard-Erläuterungen geben zum Teil die persönliche Interpretation der Autorin und namhafter Kenner der Rasse wieder, dürften jedoch die Zustimmung aller Züchter, Aussteller und Zuchtrichter finden.

Interpretation des Rassestandards

Obwohl der Chihuahua- Standard recht ausführlich ist, lässt er doch an manchen Stellen einen gewissen Spielraum für unterschiedliche Auslegungen. Die nachstehenden Standard-Erläuterungen geben zum Teil die persönliche Interpretation der Autorin und namhafter Kenner der Rasse wieder, dürften jedoch die Zustimmung aller Züchter, Aussteller und Zuchtrichter finden.

Kopf

Der Standard verlangt einen sehr breiten und runden Apfelkopf mit kurzem Fang. Mit der größeren Verbreitung der Rasse und den dadurch bedingten höheren Meldezahlen auf Ausstellungen mit zunehmender Konkurrenz hat sich mit den Jahrzehnten eine Auslegung dieser Merkmale in Richtung „noch runderer Kopf mit noch kürzerem Fang" eingestellt. Dies kann dann auch nicht mehr im Interesse der Rasse liegen. Und dann geriet der Chihuahua zusammen mit anderen Rassen Anfang/Mitte der 90er-Jahre ins Kreuzfeuer der Kritik, als mit der Novellierung des Tierschutzgesetzes die „Qualzuchtdebatte" durch die Medien ging.

Wir wollen nach wie vor einen großen, runden Kopf mit kurzem Fang, aber dies in einem Rahmen, der den Rassetyp erhält und Übertreibungen bestraft. Aufgeblasene, dünnknochige Schädel mit viel zu seitlich angesetzten, hervorquellenden Augen und Stupsnase sind niemals im Sinne des Standards gewesen. Wir wollen einen klar definierten Stop und einen kurzen, geraden Nasenrücken. Der Fang an sich muss an der Spitze breit genug sein, um in einem kräftig ausgebildeten Unterkiefer Platz für 6 korrekt angelegte und ausgebildete Schneidezähne zu lassen. Dies erfordert auch eine im Rahmen eines Scherengebisses gute Kinnmarkierung. Zurückgesetzte Unterkieferpartien sind erste Anzeichen einer Knochendegeneration im Fangbereich und sollten daher auf Ausstellungen auch entsprechend bestraft werden.

Weiterer Anlass zu Diskussionen gab auch die Fontanelle, eine verbleibende Öffnung im oberen Schädelbereich. Bis in die 80er-Jahre als unbedingtes Zeichen der Reinrassigkeit gefordert, musste sie nach der Standardüberarbeitung von 1996 nicht mehr vorhanden sein. Im aktuellen Standard gelten „Exemplare ohne Fontanelle als vorzüglich, obwohl eine kleine Fontanelle zugelassen ist".

Ich möchte hier dennoch ein etwas verzerrtes Bild in der Öffentlichkeit in Bezug auf die Fontanelle gerade rücken, da hier teilweise doch eine nicht angemessene Panikmache betrieben wird.

Jahrtausendelang hat die Rasse mit diesem Merkmal existiert, und eine kleine Fontanelle hat noch keinem Chihuahua jemals Schwierigkeiten bereitet. Die immer wieder erwähnte Möglichkeit einer tödlichen Verletzung durch das direkte Eindringen eines spitzen Gegenstandes in die Fontanelle hat sich in keinem mir bekannten Fall je ereignet, und ich habe wirklich täglich und international mit der Rasse zu tun!
Große Fontanellen waren schon seit Mitte der 80er „out". Solche Tiere sind in unserem Verband schon seit Jahren von der Zucht ausgeschlossen, zumal das Vorhandensein einer großen Fontanelle zusammen mit entsprechenden anderen Merkmalen oft den Verdacht auf einen Wasserkopf nahegelegt. Viele Chihuahuas der jüngeren Generationen weisen keine Fontanelle mehr auf oder nur noch eine sehr kleine, sodass die Neubearbeitung des Tierschutzgesetzes (Qualzucht) die Rasse nicht mehr trifft. Die Aufklärungsarbeit der seriösen Zuchtverbände hat in den letzten Jahren darüber hinaus noch bewirkt, dass die einst so beliebten übertypisierten Köpfe an Ansehen verloren haben. Das neue Tierschutzgesetz verbietet die Zucht mit Hunden, die einen „Apfelkopf" aufweisen. Die Standardformulierung (auf die Deutschland oder Europa keinen Einfluss haben) verlangt jedoch einen eben solchen. Hier bleibt uns nur, die Definition dieses Begriffes so festzulegen, dass ungesunde Merkmale darin keinen Raum finden.

Größe

Bei keiner anderen Rasse ist der geforderte Größenspielraumso extrem wie beim Chihuahua: Zwischen 500 und 3000 g – dazwischen liegen Welten! Da durch unvernünftige Sensationsmache immer wieder Fotos von Chihuahuas im Miniformat erscheinen, hängt der Rasse immer noch ein gewisses „Kaffeetassen-Image" an, leider. Es gibt bei jeder Tierart Zwerge, und bei anderen Hunderassen gelten diese völlig zu Recht als „unnormal" oder degeneriert. Ein zwergwüchsiger Chihuahua jedoch wird groß herausgestellt und zur Sensation gemacht. Nicht selten wechseln solche Exemplare für viele tausend Euro den Besitzer; dabei sind sie nichts anderes als das, was man bei anderen Rassen vielleicht hart, aber durchaus angebracht als „Krüppel" bezeichnet.

Umso bedauerlicher ist es, dass man auch bei der neuesten Standardüberarbeitung die Chance verpasst hat, diese 50 bis 100 g-Exemplare klar und deutlich zu ächten. Eine Bezifferung des Idealgewichtes zwischen 1,5 und 3 kg bedeutet vergleichsweise zwar einen Fortschritt, aber es wäre dennoch richtungsweisend für eine gesunde Zuchtzielsetzung gewesen, hätte man diese sehr kleinen Exemplare (unterhalb 1000g) zumindest in die „Fehler"-Kategorien aufgenommen.

Nicht nur, dass zwergwüchsige Hunde in den meisten Fällen nicht imstande sind, ein normales Hundeleben zu führen und die Lebenserwartung in der Regel auf wenige Jahre zusammenschrumpft, oft wird diese kurze Zeit auch nur mit erheblichem tierärztlichem Aufwand erreicht, da diese Tiere ungemein anfällig sind. Es genügt schon eine kleine Infektion, wenige Tage Durchfall, Erbrechen und Appetitlosigkeit, und schon ist die Widerstandskraft des kleinen Körpers aufgebraucht.

Ein halbwegs akzeptabler Chihuahua sollte mindestens ein Gewicht von einem Kilogramm auf die Waage bringen; das ist wirklich winzig genug. Für den Privatbesitzer ist ein Chihuahua von ab 1800 g ideal. Diese sind robust, vital und erfreuen sich bei guter Aufzucht und artgerechter Haltung eines langen, gesunden Hundelebens.

Was Zuchttiere anbetrifft, so ist hier sowieso zwingend ein Mindestgewicht von 2 kg vorgeschrieben.

Gebäude-Typen

Der Vorläufer des aktuellen Rassestandards ließ zwei Gebäudetypen zu: den aktuell geforderten, vormals als „cobby-type", bezeichneten Hund, der einen kompakten, kernigen Körperbau beschreibt, und den „deer-type". Letzterer hat eine elegantere, leichtere Körperform, die etwas an einen Rehpinscher erinnert. Selbstverständlich verschwinden mit einer Standardüberarbeitung nicht alle vorher geforderten Merkmale, sodass wir nach wie vor noch beide Gebäudetypen und deren Mischformen in der Rasse vorfinden. Daher hier kurz die Besonderheiten der beiden Gebäudetypen und deren Unterscheidungsmerkmale:

Cobby-type: Ohren nicht extrem groß, dafür breit am Ansatz. Kopf breit, mit größerem Abstand zwischen Augen und Ohren. Augen groß und ausdrucksvoll. Fang meist etwas voller (breiter). Gute Brustbreite und -tiefe. Laufknochen kräftig. Ellenbogen manchmal nicht ganz fest anliegend. Rücken gedrungen. Winkelungen gut ausgeprägt. Kraftvoller Läufer mit gutem Schub aus der Hinterhand. Pfoten kurz und kompakt. Haarkleid meist mit der gewünschten Unterwolle. Rute mäßig lang und dick. (Bild Seite 16).

Deer-type: Oft riesige Fledermausohren, die durch den schmaleren Kopf noch mehr zur Geltung kommen. Fang meist länger und schlanker. Schulter etwas steiler angelegt, Brustkorb in Breite und Tiefe nicht so ausgeprägt, dadurch wirken die tendenziell höheren Läufe noch länger. Hinterhandwinkelung meist etwas steiler. Die Rute ist in der Regel dünner und länger und neigt zu Kringelbildung. Die Pfoten sind länger und schmaler. In der Bewegung sehr leichtfüßig und elegant, aufgrund der Schulterlage nicht so weit ausgreifend. Da er weniger Schub entwickelt, benötigt er für die gleiche Strecke mehr Schritte. Das Haarkleid dieses Typs ist bei Kurz- und Langhaar nicht so dicht, Unterwolle kaum vorhanden (Pinscher/Papillon-Einschlag?).

Natürlich sind durch Vermischung der Typen alle möglichen Zwischenformen entstanden, sodass diese Merkmale nicht mehr immer in ihrer Gesamtheit auf einem Typ anzutreffen sind.

Anatomie/Gangwerk

Der Hund ist in erster Linie ein „Lauf"tier. Auch der kleine. Obwohl der Standard doch ganz unmissverständlich die anatomischen Erfordernisse vorgibt, scheint man das auch bei den Zuchtverantwortlichen nicht mit annähernder Konsequenz umzusetzen. Wie ein architektonisches Bauwerk hat auch der Hund eine Gebäudestatik. Ein Fehler zieht sich durch die gesamte Konstruktion.
Grundvoraussetzung für einen unbelasteten Bewegungsablauf sind ein solider Knochenbau und eine gut ausgebildete, trainierte Muskulatur. Insbesondere letztere erwirbt man sich nicht auf dem Sofa liegend!
Besonders zu kritisieren sind bei der Rasse die Rückenlinien, lose Ellenbogen, bzw.

generell schlechte Fronten mit allen, im Bewegungsablauf daraus resultierenden Folgen. Also auf diesem Gebiet gibt es bei der Rasse noch viel zu tun.

Gebiss

Seit jeher war man beim Chihuahua in Bezug auf die Vollzahnigkeit vernünftig großzügig, was das Fehlen einzelner Zähne anbetrifft. Fehlende Eckzähne sind und waren schon immer indiskutabel. Bei den Schneidezähnen wurden unten bis „nur" 4 toleriert (obere Schneidezähne fehlen selten bis gar nicht). Es gab Selektionsmerkmale mit größerer Priorität wie Gesundheit (Patellaluxation) und Anatomie allgemein. Heute würde man einen Rüden allenfalls in seltenen Ausnahmefällen damit noch zulassen, eine Hündin nur mit entsprechenden Vorzügen und auch dann mit Einschränkungen.

Das viel größere Problem ist – wie bei fast allen Zwerghunderassen – die Veranlagung zu Zahnstein und Parodontose. Was hilft es dem Hund, wenn er nach dem Zahnwechsel zwar vollzahnig ist, seine Zähne aber schon im Alter von 2 bis 4 Jahren verliert? Nach meinen Beobachtungen ist die Veranlagung dafür vererblich. Bei gleicher Haltung, Fütterung und Pflege hatten wir Linien, die hielten ihr Gebiss problemlos und sauber bis über 10 Jahre, bei anderen musste man ständig hinterher sein. Dem entgegenwirken kann man entweder mit der Wahl des Futters oder entsprechender Pflege (siehe dort).

Wesen

Obwohl im Standard ausdrücklich Robustheit, Lebhaftigkeit, Neugier, Temperament und Mut gefordert werden, sieht man häufig nervöse, scheue und ängstliche Hunde im Ring. Nicht immer sind daran nur Erziehung, Aufzucht und Haltung schuld. Charaktereigenschaften vererben sich sehr stark; bei den Gebrauchshunderassen werden deswegen Wesensprüfungen durchgeführt, die für die Zuchttauglichkeit erforderlich sind. Vor allem nicht wesensfeste Hündinnen übertragen ihre Nervosität und Unsicherheit schon in der Wurfkiste auf die Welpen, und zu der erblichen Veranlagung kommt noch die Prägung durch das gestörte Muttertier hinzu. Solche Welpen können später nicht die vom Standard vorgeschriebenen Charaktereigenschaften aufweisen.

Kurz-/ Langhaar-Verpaarungen

Seit Mai 1984 stellt die FCI Züchtern wieder frei, Kurz- und Langhaar-Chihuahuas miteinander zu kreuzen (vgl. auch S. 15). Aus den zuvor dargelegten Gründen erlaubt der Verband Deutscher Kleinhundezüchter seinen Zuchtbuchbenutzern diese Verpaarungen. Die Vererbung der beiden Haarvarietäten verhält sich wie folgt: Kurzhaar ist dominant über Langhaar. Langhaar verhält sich rezessiv gegenüber Kurzhaar.

Das heißt, ein Langhaar-Chihuahua ist immer reinerbig in Bezug auf seine Haarart. Daher können aus der Verbindung von zwei Langhaar-Chihuahuas auch immer nur langhaarige Nachkommen entstehen.

Beim Kurzhaar haben wir zwei Möglichkeiten: Er kann einerseits auch reinerbig sein, wenn er von beiden Eltern ein dominantes Kurzhaar-Gen erhalten hat. In diesem Falle wird er immer nur kurzhaarige Nachkommen produzieren können, egal, ob man ihn mit einem kurz- oder langhaarigen Partner verpaart.

Er kann andererseits von einem Elternteil ein dominantes Kurzhaar-Gen haben, vom anderen Elternteil ein rezessives Langhaar-Gen dazu. Diese Kombination ergibt „optisch" einen Kurzhaar-Chihuahua, der aber bei seinen Nachkommen sowohl Kurz- als auch Langhaar-Chihuahuas haben kann. Welchen Genotyp ein Kurzhaar-Chihuahua besitzt, kann man definitiv nur anhand seiner Nachkommen herausfinden. Sind diese ausschließlich kurzhaarig, kann man annehmen, dass er reinerbig ist. Ist aber auch nur ein einziger Langhaar-Chihuahua darunter, ist er in jedem Fall mischerbig.

Zur besseren Verständlichkeit hier eine bildliche Darstellung:

Es gibt neben den beiden vom Standard zugelassenen Haarvarietäten Zwischenformen, entweder Kurzhaar mit zu langem (meist etwas welligem) Haar oder Langhaar mit deutlich ungenügender Haarlänge, die nur einen Ansatz von Befederung an den gewünschten Stellen zeigen. Wir nennen sie „stockhaarig". Zu Unrecht werden diese den Kreuzungen beider Haarvarietäten zugeschrieben. Dieses „Stockhaar" entsteht spontan als Mutation; seltener beim Kurzhaar, häufiger beim Langhaar. Wehe dem Züchter, der mit diesen Hunden weiterzüchtet! Dieser Fehler setzt sich unge mein durch (er folgt vermutlich einem unvollständig dominanten Erbgang), und er wird aus den betroffenen Linien nur schwer wieder herauszubekommen sein.

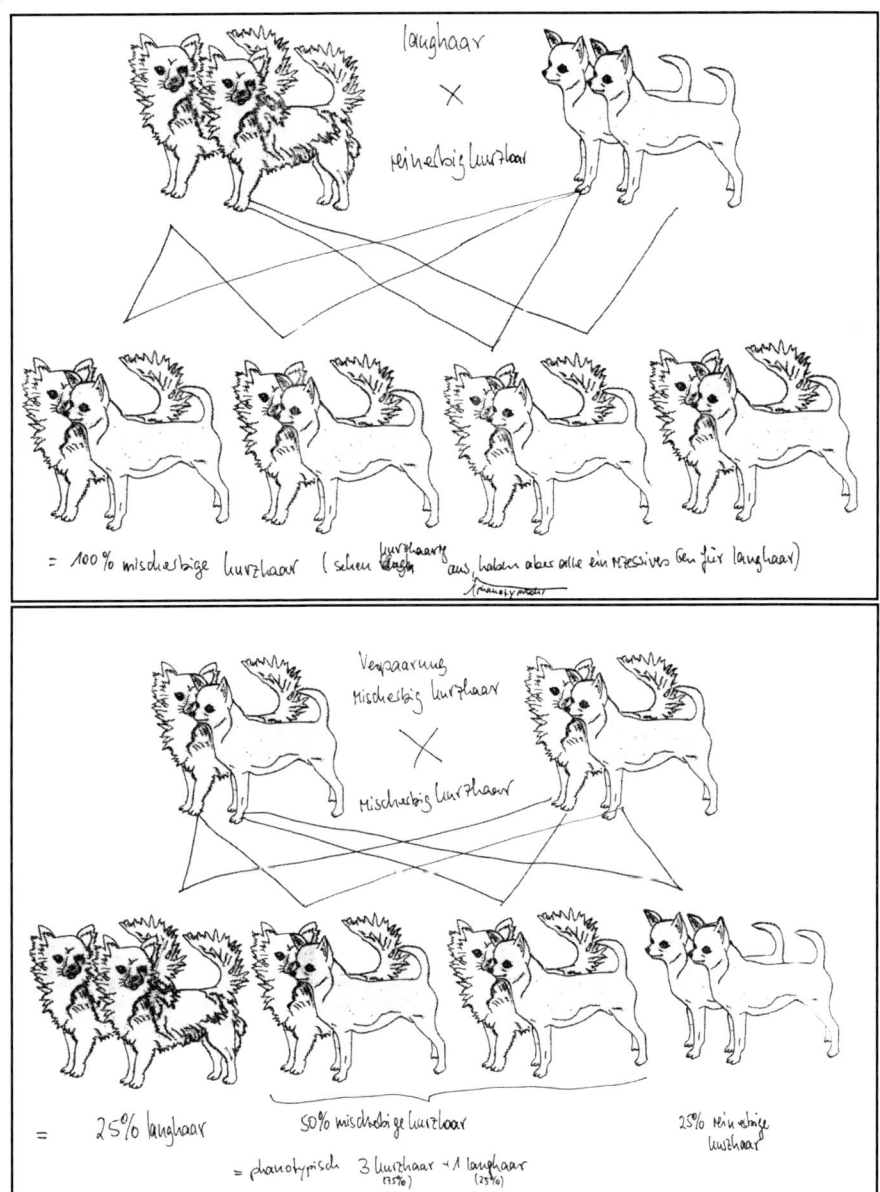

langhaar

×

reinerbig kurzhaar

= 100% mischerbige kurzhaar (sehen kurzhaarig aus, haben aber alle ein rezessives Gen für langhaar)
phänotypisch

Verpaarung
Mischerbig kurzhaar

×

mischerbig kurzhaar

= 25% langhaar   50% mischerbige kurzhaar   25% reinerbige kurzhaar

= phänotypisch   3 kurzhaar + 1 langhaar
                   (75%)   (25%)

Pigmentierung

Obwohl der Standard die Pigmentierung (Nasenschwamm, Lefzen, Lidränder) entsprechend der Fellfarbe akzeptiert, was bedeutet, dass bei ganz hellen Hunden eine fleisch- oder rosafarbene Pigmentierung toleriert wird, sollte das Zuchtziel doch eine dunkle, oder noch besser schwarze Pigmentierung sein. Schwarze Pigmentierung vererbt sich dominant, Pigmentaufhellung dagegen rezessiv. Dies bedeutet in der Praxis, dass ein hell pigmentierter Hund reinerbig in Bezug auf diese Eigenschaft ist, er gibt also jedem einzelnen seiner Nachkommen das rezessive Pigmentaufhellungsgen mit. Der Erbgang ist also derselbe wie bei den Haararten.

Der Verband Deutscher Kleinhundezüchter e.V. lässt einen pigmentschwachen Chihuahua nur für die Verpaarung mit einem vollpigmentierten Partner zu, um zumindest die „planmäßige" Zucht mit Pigmentaufhellung zu verhindern. Pigmentschwache Hunde neigen sehr viel mehr zu verstärktem Tränenfluss, und wenn man einigen erfahrenen Kynologen glauben darf, ist bei ihnen auch das Immunsystem nicht so belastbar (dies gilt allerdings nicht für Rassen, die nie schwarzes Pigment ausbilden, da bei diesen im Laufe der Zeit eine entsprechende Selektion bezüglich Vitalität stattgefunden hat).

Die einzigen Farbschläge, bei denen kein schwarzes Pigment ausgebildet werden kann, sind Chocolate, Blau und ihre genetischen Ableitungen. Bei diesen ist auch die Augenfarbe entsprechend grau oder hellbraun bis ocker. Die optimale Pigmentausprägung ist dann dunkelanthrazit, dunkelschokolade- und leberfarben. Bei den lilafarbenen gräulich-rosa und den isabellfarbenen fleischfarben.

Die Zucht mit der Farbe „Blau"

Grundsätzlich kann man nach eigener Wahl alle Farben und Farbkombinationen miteinander verpaaren. Einzige Ausnahme ist für einen erfahrenen Züchter die Farbe Blau, auch bei nur teilweise blaugefärbten Hunden (blue & tan, blau-weiß). Er wird niemals Blau mit Blau oder Blau mit Schwarz (und black & tan) verpaaren. Aus solchen Verbindungen entstehen häufig blaue Nachkommen, die ganz oder teilweise haarlos sind; in leichten Fällen ist nur die Rückseite der Ohren

Langhaar tricolor Rüde
Marcel

kahl, doch leider gibt es auch Hunde, die an Kopf und Körper kein Fell haben. Von der Haarlosigkeit sind jeweils nur die blauen oder teilblauen Nachkommen betroffen. Unglücklicherweise haben die Tiere als Welpen noch ein normales Haarkleid, das erst während des Fellwechsels ausfällt und nicht wieder nachwächst. Durch übermäßige Pigmentanreicherungen in den Haarwurzeln (manchmal auch in Verbindung mit übermäßiger Talgproduktion) sterben diese ab, und es kann kein neues Haar mehr nachwachsen (wer solch haarlose blaue Chihuahuas schon gesehen hat, dem ist wohl sofort auch die extrem dunkle, fettig-ledrige Haut aufgefallen).

Anders als beim „Rasse-Nackthund" bzw. Nackthunderassen sind beim kahlen Chihuahua Körper und Haut nicht auf das fehlende Haarkleid eingestellt, deswegen sind diese Tiere überaus empfindlich gegen Temperaturunterschiede und Kälte, und da die Haut z.B. vor direkter Sonneneinstrahlung nicht vom Haar geschützt ist, wird sie trocken und spröde; entsprechende Hautprobleme sind die unabwendbare Folge.

Blaue Chihuahuas sind eher selten und waren daher zeitweise besonders gefragt. Aus diesem Grund haben sich vor Jahren amerikanische Züchter um eine Reinzucht dieses Farbschlages bemüht. Dieser Versuch schlug jedoch vollkommen fehl, da schon nach wenigen Generationen die Zuchterfolge drastisch zurückgingen:

Die Wurfstärken wurden deutlich geringer, Totgeburten und nicht lebensfähige Welpen nahmen erschreckend zu. Zu diesen Zuchtschwierigkeiten kam dann noch das Problem der Haarlosigkeit. Dieses Experiment sollte anderen Züchtern eine Lehre sein: Man sollte entsprechende Verpaarungen tunlichst vermeiden. Einige Züchter stehen der Zucht mit blauen Chihuahuas generell ablehnend gegenüber, was allerdings genausowenig gerechtfertigt ist wie das andere Extrem.

Wir sind 1980 durch Zufall an einen blau-weiß-creme-farbenen Langhaar-Rüden gekommen, ohne eine Ahnung von den speziellen Schwierigkeiten zu haben. Er war allerdings in der helleren, silberblauen Farbe mit normaler gräulichrosa gefärbter Haut. Nasenschwamm und Lidränder anthrazit. Die Behaarung am ganzen Körper, auch auf der Rückseite der Ohren, überreich. In Unwissenheit paarten wir diesen Rüden anfangs mit Hündinnen aller Farben. Aus einer Verpaarung mit einer Schwarz-tricolour-Hündin gingen blue & tan-farbene Welpen in sehr dunklem Blau mit sehr dunkler Haut hervor, die an den Ohren nach dem Haarwechsel unvollständig behaart waren. Nach diesem Wurf habe ich mich mit Züchtern beraten, die ebenfalls mit Blau züchteten. Danach habe ich für diesen Rüden nie wieder schwarze und auch keine blauen Hündinnen verwendet. In der Zwischenzeit haben wir mehrere überaus reich behaarte blau-weiß-cremefarbene Hunde gezogen. Die Zucht mit Blau ist also dann kein Risiko, wenn sie von Züchtern durchgeführt wird, die aus den Erfahrungen anderer ihre Konsequenzen ziehen.

Neuester „Gag"-Merle!

Um die Jahrtausendwende tauchten im Internet plötzlich einzelne Merle-Chihuahuas auf. Tendenz: deutlich steigend, denn die Dummen und Profitgierigen sterben ja bekanntlich nicht aus.

Das Merle- oder Marmorierungsgen bedingt eine marmoriert-getüpfelte Farbverteilung, wie man sie von den Collies, Dackeln und anderen Rassen kennt. Auf weiß-silberblauem Grund erscheinen willkürlich angeordnete Abzeichen in verschiedenen Tönungen bis hin zu schwarz (bluemerle) oder auf weiß-isabellfarbenem Grund bis hin zu dunkelrot (rotmerle). Auf den ersten Blick gewiss ganz interessant, wäre da nicht der verhängnisvolle Zusammenhang mit durch diese

34

Marmorierung bedingten schweren bis schwersten Defekten. Schwerhörigkeit, Taubheit und Gleichgewichtsprobleme wären hier einmal stellvertretend zu benennen. Es ist dem unbedarften Hundehalter meist nicht bewusst, aber die Haltung eines taub geborenen Hundes ist nur unter Bedingungen möglich, die man nicht mehr als artgerecht bezeichnen kann. „Erziehung" im eigentlichen Verständnis ist praktisch nicht möglich, außerhalb des direkten Sichtkontaktes hat man keinerlei Einfluss auf einen betroffenen Hund. Laufen ohne Leine, Herbeirufen, akustische Warnung vor Gefahren, all das ist nicht mehr möglich. Auch zum Ein- und Zuordnen der gewohnten Tagesabläufe spielt das Gehör für den Hund eine wichtige Rolle.

Das Merle-Gen vererbt sich dominant. Damit ein Merlehund entstehen kann bedarf es entweder eines Merle-Elterntieres oder einer Mutation des Genbestandes. Da die Rasse seit tausenden von Jahren keine Merles erbracht hat, ergibt sich daraus, dass die Genlage am betreffenden Genort so stabil ist, dass er nicht mutiert. Somit konnte das Merlegen nur über Einkreuzung eines Merletieres anderer Rasse in die Chihuahuabestände gelangen. Natürlich (!) tauchte der erste Merle-Chihuahua in Amerika auf. Aber auch dort nicht in den AKC (American Kennel Club) kontrollierten Beständen sondern bei „wilden" Züchtern/Zuchtverbänden. Nach einigen Generationen Zucht und mit einem glaubhaften Tod des verursachenden Vorfahren ließ man dann die Nachkommen ordnungsgemäß registrieren, und nun konnte man sich an die Kommerzialisierung mit „legalen Papieren" machen.

Man berief sich auf die Formulierung im Standard: „alle Farben und Farbkombinationen sind erlaubt". Zum ersten sind damit selbstverständlich nur die Farben gemeint, die die Rasse aus sich selbst herausbilden kann (der Standard beschreibt Rasse-Chihuahuas, keine Mischlinge), zum anderen ist Merle überhaupt keine FARBE, sondern eine Zeichnung, bzw. ein Muster. Insofern greift diese Argumentation schon einmal gar nicht.

Und eben WEIL beim Chihuahua alle Farben erlaubt sind, ergibt sich für die Zucht daraus die Gefahr, dass man das Merle-Gen züchterisch nicht kontrollieren kann. Bei allen Rassen, bei denen Merle erlaubt ist, ist die Merlezeichnung eindeutig zu erkennen, weil nur Farben zugelassen sind, auf denen das Muster sichtbar wird. Dies ist beim Chihuahua nicht der Fall. Insbesondere bei sehr hellen Farben ist ein Merle oder gar Weißmerle (Nachkommen aus einer verbotenen Anpaarung zweier Merles mit dem Genstatus MM) nicht zu erkennen.

Aus diesem Grund haben die drei rassevertretenden Clubs innerhalb des VDH auf meine Initiative hin beschlossen, dass Merle-Chihuahuas Zuchtverbot erhalten.

Verpaarung von Gegensätzen

Es ist eine alte Erfahrung, dass es den „fehlerfreien Hund", egal welcher Rasse, nicht oder so gut wie nicht gibt. Fast jedes Zuchttier hat also seinen kleinen Makel, und so mancher Zuchtanfänger (und nicht nur der!) kommt auf die Idee, diesen mit einem „extremen" Zuchtpartner auszugleichen, in der Hoffnung, dass sich die Nachkommen dann genau in der optimalen Mitte bewegen werden.

Solche „Zuchtgelüste" kommen hauptsächlich Besitzern mit großen Hündinnen oder solchen mit schwachen Köpfen und/oder solchen mit langen Nasen, weshalb das Halten von sehr kleinen Rüden mit übertypisierten Köpfen für viele Züchter als das oberste Ziel schlechthin erscheint. Diese Rechnung geht natürlich nicht auf, da sich die Vererbungslehre selbstverständlich nicht nach dem Gesetz des mathematischen Mittels richtet. Die wahrscheinlichsten Ergebnisse bei Verpaarungen mit extremem Größenunterschied sind disproportionierte Nachkommen (nach dem Motto: die Lauflänge des Vaters und die Rückenlänge der Mutter), aus großen Fanglängenunterschieden resultieren eher Gebissschlussfehler als der erhoffte „Traumkopf". Des Rätsels Lösung ist, dass sich die einzelnen „Bauteile" eines Individuums eben nicht in ihrer Gesamtheit vererben, sondern sie sind unabhängig kombinierbar mit den entsprechenden Eigenschaften des Zuchtpartners. Der beste Weg für eine erfolgreiche Zucht ist immer die Harmonie der zu verpaarenden Hunde, sowohl in Größe als auch im Typ. Kleine Unvollkommenheiten dürfen maximal mit dem entsprechenden Optimum ausgeglichen werden. Eine solche Zuchtplanung, über Generationen konsequent durchgehalten, führt dann zwar etwas langsamer, aber umso dauerhafter und sicherer zum gewünschten Ergebnis.

Kniescheibenluxation (Patella-Luxation = PL)

Funktionsstörungen im Kniegelenk durch Verlagerung (Luxation) der Kniescheibe kommen bei kleinen Hunden relativ häufig vor. Die Kniescheibe (Patella) ist ein kleiner Knochen, der im unteren Teil des Oberschenkelknochens in einer Rille (Rollkamm) eingelagert ist. In diesem bewegt sie sich bei der Aktion des Kniegelenkes von oben nach unten. Sie liegt eingebettet zwischen dem Muskel, der vom Oberschenkel herkommt, und der Sehne (Patellarband), die die Verbindung zum Unterschenkel herstellt. Die Aufgabe der Patella besteht in der Kraftübertragung der Bewegung vom Unter- zum Oberschenkel. Damit sie diese einwandfrei erfüllen kann, müssen hauptsächlich folgende Voraussetzungen gegeben sein:

- Die vorgenannte Rille muss gut ausgeprägt sein, damit die Patella bei ihrer Auf- und Abbewegung sicher darin verbleibt.
- Der Muskel des Oberschenkels, die Kniescheibe und das Patellarband müssen auf einer geraden Linie liegen, ebenso wie Oberschenkel und Unterschenkel in der Streckung, sodass die Kraftumlenkung auch auf direktem Weg von oben nach unten erfolgen kann.
- Die Kniescheibe muss so ausgebildet sein, dass sie sich in die Rille einpasst.

Bei wenig oder falsch ausgeprägter Rille und/oder falscher Zugrichtung durch Muskel und/oder Sehne verbleibt die Patella im Verlauf der Hinterhandbewegung nicht in der vorgesehenen Rille, sondern gleitet seitlich heraus. Diese Verlagerung kann entweder nach innen (medial) oder nach außen (lateral) stattfinden, sie kann gelegentlich (habituell) auftreten oder ständig (stationär) verlagert sein, des Weiteren kann nur ein Kniegelenk oder beide Kniegelenke im gleichen oder in verschiedenen Graden betroffen sein.

Neben der Tatsache, dass der Bewegungsablauf gestört ist, erleidet der Hund (insbesondere bei stärkerer Ausprägung) Schmerzen beim Laufen. Durch Überbeanspruchung des Bandapparates kann sich eine ursprünglich leichte Ausprägung verschlimmern, wobei dann in der Folge Arthrosen und die Gefahr von sekundären Seitenbandrissen entstehen können. Da das Tier bei Schmerzen

instinktiv das betroffene Gelenk schonen wird, können auf lange Sicht als Folge durch Fehlbelastungen des übrigen Bewegungsapparates weitere Probleme entstehen.

Begünstigt wird dieser Defekt durch feingliedrigen Knochenbau. Anatomisch insgesamt einwandfreie Hunde, die sich korrekt und „sound" bewegen, mit festen, waagrechten Rückenlinien, geraden Läufen, korrekten Winkelungsverhältnissen von Vor- und Hinterhand und guter Veranlagung zur Ausbildung von Muskeln dürften ein Ansatz sein, diesem Problem zu begegnen. Ich bin der Überzeugung, dass anatomische Balance und Korrektheit dazu führen, dass der Hund in der Bewegung so „funktioniert", dass Muskeln, Bänder und Gelenke (auch das Knie) nicht falsch oder ungleichmäßig beansprucht werden.

Hündinnen weisen eine verstärkte Disposition auf, weil sich bei ihnen im Zyklus hormonellbedingt die Bänder zeitweise etwas lockern und insbesondere durch die Ausnahmesituation „Trächtigkeit" und auch damit verbundenem Mehrgewicht eine zuvor unbemerkte Veranlagung plötzlich manifest wird.

An der Vererblichkeit dieses Defektes gibt es inzwischen wohl keine Zweifel mehr, sodass man ihn züchterisch angehen muss. Der Verband Deutscher Kleinhundezüchter ist bisher leider der einzige Verein, der PL-Freiheit als Voraussetzung zur Erlangung der Zuchtzulassung für Chihuahuas vorschreibt.

Mit großer Sicherheit lässt sich eine einfache Genwirkung bei der Vererbung von PL ausschließen. Nachdem heute niemand mehr ernsthaft nur an der bequemen Lösung „Umwelteinflüsse" festhält und die wenigen, über einen längeren Zeitraum durchgeführten Untersuchungen einen eindeutigen Hinweis auf Erbeinflüsse erbracht haben, wird nach heutigem Stand ein polygener Erbgang angenommen. Das bedeutet, dass der Defekt von einer mehr oder weniger großen Anzahl von Genen beeinflusst wird (die Zahl kennt man nicht), von denen das einzelne zwar nur wenig bewirkt, alle zusammen jedoch eine sehr deutliche Wirkung haben.

Bei PL ist die Erkrankung nicht von Anfang an erkennbar, sondern tritt erst in späteren Lebensabschnitten auf. In seltenen Fällen schon im Welpenalter, bei der Mehrzahl der betroffenen Tiere jedoch erst ab dem Jugendstadium und nach der Pubertät (Östrogen-Einwirkung).

Polygene Erbgänge machen es uns in der Regel jedoch nicht so leicht, nach dem Schema „Der Hund hat diesen Defekt" oder „Der Hund hat diesen Defekt nicht" einzuteilen. Auf den ersten Blick könnte man nach der Erfahrung, dass zwei sichtlich PL-freie Tiere PL-belasteten Nachwuchs erzeugen können, zu dem Schluss gelangen, dass es sich bei diesem Merkmal um einen Erbgang nach den einfachen Mendelschen Regeln (dominant/rezessiv) handelt.

Die Tücke bei polygenen Erbgängen liegt aber manchmal darin, dass eine längst vorhandene Disposition vorliegt, die erst dann ins sichtbare Merkmal umschlägt, wenn eine gewisse Anzahl von belastenden Genen vorhanden ist. Der Genetiker bezeichnet das als „Merkmal mit Schwellencharakter", der Belastungsgrad, bei dem die unsichtbar vorhandene Merkmalsanlage in den wahrnehmbaren Ausdruck des Merkmals umschlägt, ist der „Schwellenpunkt".

Zwei vermeintlich PL-freie Hunde, die jedoch eine nicht sichtbare Belastung unterhalb des Schwellenpunktes aufweisen, können bei der Verpaarung ihre PL-Dispositionen für die Nachkommen aufaddieren. Diese wiederum werden dann das Merkmal später aufweisen oder nicht, je nachdem, ob die Summe beim einzelnen Nachkommen oberhalb oder unterhalb des Schwellenpunktes liegt.

Es gibt verschiedene Ausprägungsgrade der Luxation vom manuell provozierten (PL 1) über das selbstständige Herausgleiten (PL 2) bis zur ständig verlagerten Kniescheibe (PL 3). Bei PL 4 liegen zudem noch arthrotische Veränderungen durch das ständige Reiben der Kniescheibe an Knochenteilen des Kniegelenks vor. Ob ein Hund mit seiner PL „leben" kann, oder ob diese einer operativen Maßnahme bedarf, ist nicht abhängig vom PL-Grad. Es gibt Hunde mit PL 3, die zeitlebens beschwerdefrei laufen können. Es sollte auch nicht zu schnell operiert werden (vorher ruhig die Meinung zweier oder mehrerer Tierärzte einholen), und wenn, dann nur von einem Tierarzt, der damit Erfahrung hat. Es gibt leider Fälle, da wurden die Probleme hinterher größer anstatt kleiner!

Palpatorische Untersuchungen sind gegenüber röntgenologischen aussagesicherer. Manche PL 3, die sich durch Bänderverkürzung nicht mehr reponieren lassen, scheinen Tierärzten diagnostische Probleme zu bereiten (es bewegt sich nichts mehr!). Hier kann dann ein Röntgenbild letzte Sicherheit bringen.

Charakter und Eigenschaften

Betrachten wir die indianische Chihuahua-Legende, so lassen sich die Grundeigenschaften dieser Rasse in großen Zügen ableiten. „Der kleine Hund geleitet die Seele seines Herrn durch die neun reißenden Todesflüsse der Unterwelt ins Paradies." Demnach sind folgende Charaktermerkmale notwendig: Treue und absolute Zuverlässigkeit, denn das Erreichen des Paradieses hängt allein von der Führung des Hundes ab. Starke Bezogenheit auf seinen Herrn, denn er geleitet

Selbstbewusstsein und Eleganz

Das Candybellrudel

ausschließlich diesen oder dessen Familie, niemals einen Fremden. Großer Mut, Kraft, Robustheit und die Bereitschaft, sein Leben für das Glück seines Herrn hinzugeben beim Durchschwimmen der reißenden Flüsse.

Dadurch, dass der Chihuahua so sehr auf seine Bezugsperson fixiert ist, entwickelt er aber leider auch einen ungeheuren Hang zur Eifersucht; wehe, wenn sich Herrchen längere Zeit mit anderen Personen oder, noch schlimmer, mit anderen Hunden befasst, ohne ihn zu beachten! Er wird alles daransetzen, Aufmerksamkeit zu erregen: Bellen, Männchen machen, um Streicheleinheiten betteln. Einige „Spezialisten", die bereits entsprechende Erfahrungen gemacht haben, nutzen ihr schauspielerisches Talent, indem durch plötzliches Hinken eine Verletzung gemimt wird. Will sich Herrchen voller Mitleid das Unheil anschauen, kann er lange danach suchen …

Eine üble Eigenschaft ist auch seine schon fast krankhafte Neugierde: Er muss überall dabeisein, muss alles gesehen und beschnüffelt haben. Ein noch so leises

Rascheln weckt ihn aus dem tiefsten Schlaf. Der Höhepunkt des Tages dürfte wohl das Auspacken der Einkaufstüten sein. Dabei sitzt er gewöhnlich auf einem Platz, von wo er alles in bestmöglicher Nähe verfolgen kann.

Er ist überhaupt ein scharfer Beobachter, und da er seinem Herrn auf Schritt und Tritt folgt, kennt er dessen Gewohnheiten und Gedanken wie sonst kein anderer. Schon die Art von Herrchens Kleidung sagt ihm, ob ein Spaziergang ansteht, ob es zum Einkaufen oder zur Arbeit geht; und je nachdem ahnt er, ob die Möglichkeit besteht, mitgenommen zu werden oder nicht. Er erkennt auch mit sicherem Instinkt Launen und Gefühle und weiß genau, ob es angebracht ist, sich diskret im Hintergrund zu halten oder ob Herrchen gerade Zeit hat. Manchmal erscheint es fast so, als könnte er mit seinen großen Augen direkt in unsere Gedanken schauen. Er kennt genau die Schwächen eines jeden Familienmitgliedes und weiß diese auch prompt auszunutzen.

Seine große Sensibilität ist von Vorteil, wenn es um die Erziehung geht, denn er wird dadurch auch leicht lenkbar. Er möchte seinem Herrn Freude bereiten, und dafür wird er fast alles möglich machen. Er fühlt, wann er stört und wann er willkommen ist; das macht ihn so angenehm. Andererseits ist er leicht beleidigt. Ein hartes, ungerechtes Wort, Eifersucht, erfolgloses Betteln oder eine sonstige Kleinigkeit veranlassen ihn, sich wie eine schmollende Diva in seine Ecke zurückzuziehen. Zusammengerollt und mit abgewandtem Kopf kann es erfahrungsgemäß eine geraume Zeit dauern, bis er sich wieder herablässt, mit Herrchen zu „reden".

Bei fast allen Chihuahuas ist ein auffallend stark ausgeprägtes Geltungsbedürfnis festzustellen. Diese Charaktereigenschaft wird wohl auch dadurch begünstigt, dass schon der Welpe auf der Straße bestaunt und beachtet wird. Wenn er sich erst einmal daran gewöhnt hat, wird der erwachsene Hund sich einiges einfallen lassen, nur um wieder im Mittelpunkt zu stehen.

Auch wenn der Chihuahua in all den Jahren, in denen er gezüchtet wird, ausschließlich als Haushund gehalten wurde, steckt in jedem noch ein kleiner Naturhund mit unverändert erhaltenen Instinkten. Es ist durchaus nichts Ungewöhnliches, wenn er nach dem Fressen übriges Futter zu verstecken sucht, um Vorräte für „schlechte Zeiten" anzulegen. In diesem Fall sollten Sie stets die Futterschüssel wegräumen, sobald er satt zu sein scheint; sonst müssen Sie damit rechnen, beim Hineinschlüpfen in Ihre Schuhe oder Hausschuhe plötzlich in den erkalteten „Vorräten" zu stehen oder beim Zurechtschütteln der Sofakissen auf die mundgerechten Nothäppchen Ihres Lieblings zu stoßen. Nicht selten ist auch noch ein starker Jagdtrieb erhalten. Ich kannte einen Kurzhaar-Chihuahua, der sich sein Futter regelrecht für gefangene Mäuse eintauschte.

Nicht zuletzt wird natürlich die Schmusestunde ganz groß geschrieben. Chihuahuas sind einfach perfekte Genießer: Wenn man sie streichelt, wird das Köpfchen hin- und hergedreht, die bevorzugte Kraulstelle in Position gebracht, und als Zeichen des höchsten Genusses folgt nicht selten ein glücklicher Seufzer.

Lange Spaziergänge lieben sie auch sehr; eigentlich sind sie unermüdlich, und am schönsten ist es, wenn ein zweiter Hund mit dabei ist. Dann rennen die beiden um die Wette und spielen Fangen, und es erstaunt einen immer wieder, wieviel Energie und Ausdauer in so einem kleinen Kerl stecken. Das Märchen, Chihuahuas seien sehr empfindlich gegen Kälte, hält sich hartnäckig, aber es ist wirklich rein erfunden. Es versteht sich wohl von selbst, dass man bei kaltem Wetter nicht unbedingt zwei Stunden mit der Nachbarin die neuesten Geschichten austauschen sollte, während der Hund ohne Bewegung vor Kälte zittert (übrigens würde da ein großer Hund genauso frieren). Solange er aber in Bewegung ist, kann man auch bei kaltem Wetter bedenkenlos ausgedehnte Spaziergänge machen.

Die meisten Chihuahuas sind nicht sehr begeistert, wenn um sie herum Trubel herrscht. Lärm oder Streit gehen ihnen auf die Nerven. Sie haben es wohl eine Weile gerne, wenn „etwas los ist" – vor allem, wenn sie im Mittelpunkt des Interesses stehen –, aber nach einiger Zeit wollen sie doch wieder ihre Ruhe.

Chihuahuas haben einen ausgeprägten Sinn für Eigentum. Sie kennen die Dinge, die ihnen oder Herrchen gehören, ganz genau, und es sei jedem geraten, nicht zu versuchen, etwas davon wegzunehmen; das kleine Schmusehündchen kann sich blitzschnell in einen wütenden kleinen Teufel verwandeln.

Zwischen den Varietäten Kurzhaar und Langhaar liegt im Wesen und Charakter ein wesentlicher Unterschied. Der Langhaar-Chihuahua ist in der Regel etwas sanfter und verträglicher. Der Kurzhaar dagegen ist bedeutend schwieriger, er ist der Aggressivere von beiden und ist für einen kleinen Streit, auch mit großen Hunden, immer zu haben. Auf der Straße sollte er deshalb stets an der Leine geführt werden. Sein Dickkopf macht es uns nicht einfach, ihn davon zu überzeugen, dass man Herrchen gehorchen muss. Der Kurzhaar lässt sich trotz aller Liebe und Hingabe doch immer einen Freiraum für seine eigene Persönlichkeit. Er nimmt auch Verbote nicht so einfach hin; nach einem angemessenen Zeitraum wird er erneut versuchen, ob nicht doch etwas zu machen ist.

Wer Kurzhaar und Langhaar gemeinsam hält, wird die Erfahrung machen, dass es immer der Kurzhaar ist, der den Ton angibt; der Langhaar ist viel zu friedlich, als dass er sich dagegen auflehnen würde. In meiner Meute haben und hatten immer die Kurzen das Sagen; das war vom ersten Tag an so, als unsere Kurzhaar-Lucy, 6 Monate alt und 1500 g schwer, zu sechzehn Langhaar-Chihuahuas als einzige Kurze dazukam. Normalerweise dürfen bei uns die Rüden zuerst an die Futterschüssel, und erst wenn diese fertig sind, folgen die Hündinnen entsprechend der Rangstellung im Rudel. Lucy konnte das keinesfalls beeindrucken; sie spazierte ungeniert mitten zwischen den Rüden zum Napf. Das drohende Knurren des Anführers beantwortete sie mit einer kräftigen Ohrfeige; den anderen verschlug dieses Auftreten derart die Sprache, dass Lucy als Hündin fortan den Vortritt, und nicht nur beim Fressen, hatte. Als dann drei Monate später unser erster Kurzhaar-Rüde ins Haus kam, warteten die anderen Rüden zunächst ab, was passieren würde. Tiger ließ sich jedoch keinesfalls auf eine „Diskussion" mit den Langen ein; er kam mit provozierend kleinen Schritten, breitbeinig mit selbstbewusst vorgedrückter Brust und hoch aufgerichteter Rute leise knurrend aus der Transportbox, und von dieser Sekunde an stand fest, dass er, und niemand anders, der Meuteführer war. Bis zum Schluss blieb er, inzwischen körperlich schon etwas klapprig und zahnlos, der „Boss". Auch von den nachgewachsenen Jungrüden hätte es niemals einer gewagt, ihm seinen Platz oder seine Vorrechte streitig zu machen. Ich habe nie erlebt, dass er auch nur im Ansatz handgreiflich geworden wäre, allein mit seiner psychischen Dominanz hielt er alle anderen in Schach.

Wer sich also zwischen Langhaar und Kurzhaar zu entscheiden hat, sollte die Charakterunterschiede der beiden bei der Wahl berücksichtigen und dann entscheiden, welche Varietät besser zu ihm paßt.

Ein süßer kleiner Chihuahua

Der Erwerb

Wer sich entschlossen hat, einen Chihuahua zu kaufen, sollte sich unbedingt an einen Rassehunde-Zuchtverband wenden; dort werden seriöse Züchter vermittelt, die sich gewissenhaft um die Rasse und Aufzucht bemühen.

Ein Chihuahua kann leicht gut über 15 Jahre alt werden. Den Grundstein für ein gesundes Hundeleben legt der Züchter. Nehmen Sie sich deshalb ruhig die Zeit, mehrere Züchter zu besuchen, und kaufen Sie dann dort, wo Ihnen die Haltung, der Züchter und die Welpen am meisten zusagen. Normalerweise werden Chihuahuas im Haus gehalten; bei Züchtern, die ihre Hunde außerhalb der Wohnung, z.B. im Stall oder Zwinger untergebracht haben, ist Vorsicht geboten. Es ist dringend davon abzuraten, bei einem Händler zu kaufen, der importierte Hunde (derzeit häufig aus Osteuropa) oder solche aus zweifelhaften Quellen weiterverkauft: Die Welpen werden meist viel zu früh von der Mutter weggenommen, die Futterumstellung erfolgt in der Regel mit möglichst billigem und oft unzureichendem Futter, die angebliche Impfung hat meist niemals stattgefunden, eine Entwurmung schon gar nicht. Da die Aufzucht dieser armen Kreaturen nur mit den allernotwendigsten Mitteln erfolgte, ist ihr Zustand entsprechend. Verdauungsprobleme, Ungeziefer und infektiöse Durchfälle sind die Folge. Oft bleiben die Tiere auch später etwas anfällig, und die Entwicklung vollzieht sich durch mangelnde Ernährung im Welpenalter langsamer. Am bedauerlichsten sind jedoch die psychischen Störungen, die nur durch mühsame, liebevolle Pflege teilweise zu beheben sind. Welpen, die mehr oder weniger sich selbst überlassen waren, entwickeln sich oft zu Hunden, die kaum fähig sind, zum Menschen Kontakt zu finden, sie sind scheu und schwer in die Familie einzugliedern. Wer diese Erfahrungen gemacht hat, wird bei einem späteren Hundekauf den manchmal höheren Preis mit Freuden in Kauf nehmen, wenn er dafür einen gesunden, zutraulichen Welpen bekommt, der von Anfang an problemlos ist.

Der Kauf beim Züchter bringt auch den Vorteil, dass man die Eltern- oder Verwandtentiere besichtigen kann, denn innerhalb dieses Rahmens wird sich höchstwahrscheinlich auch der Welpe später bewegen. Aus unzuverlässigen Quellen sind mir schon „Kingsize"-Chihuahuas von bis zu 9 kg begegnet („als Welpe war er so klein und süß!"), die mit einem Chihuahua nur die Bezeichnung auf der „Ahnentafel" gemeinsam hatten. Macht nichts, die Besitzer lieben sie trotzdem – Händlerstrategie! Anhand fingierter Anfragen haben wir uns bei den osteuropäischen Ausfuhrquellen „Angebote" machen lassen: Bei Abnahme von größeren „Stückzahlen" lagen die Preise (damals) ab 50 DM (ohne Papiere) bis 400 DM (sog. „Spitzentiere"!). Der Weiterverkauf erfolgt dann zum ganz normalen Züchter-Welpenpreis, teilweise sogar wesentlich mehr, oder – im anderen Extrem – zu Schleuderpreisen: Es muss einen unbedingt aufhorchen lassen, wenn Chihuahuas um 300 € angeboten werden. Wenn man sich vorstellt, welche Sorgfalt der durchschnittliche Bundesbürger z.B. bei der Anschaffung seines Autos aufwendet, dann ist es einfach unbegreiflich, wieso er sich beim Kauf eines Hundes so kritiklos „über den Tisch ziehen" lässt!

Das ideale Abgabealter eines Kleinhunde-Welpen ist etwa zwölf Wochen. Er ist dann bereits entwurmt und hat doppelten Impfschutz. Da sich der Chihuahua jedoch ohne Schwierigkeiten in eine neue Umgebung einlebt, kann bedenkenlos auch ein etwas älterer Hund bis zu etwa einem Jahr gekauft werden, wenn er „sozial" aufgezogen worden ist.

Hunde sind steuerpflichtig und müssen 14 Tage nach dem Kauf für das nächste Quartal angemeldet werden. Die Höhe der Steuer ist je nach Gemeinde unterschiedlich.

Rüde oder Hündin?

Ob man sich für einen Rüden oder eine Hündin entscheidet, ist bei Zwerghunden im Grunde genommen zweitrangig. Es wird häufig behauptet, der Rüde sei etwas aggressiver, da er von Natur aus dazu bestimmt sei, das Revier zu bewachen und zu beschützen, die Hündin dagegen sei etwas liebebedürftiger und mehr an das Haus gebunden, weil sie dort ja ihren Wurf großzieht. Eigentlich kann ich diese Behauptungen nicht bestätigen.

Ich glaube vielmehr, dass Charaktereigenschaften zu einem ganz großen Teil durch Prägung in der Aufzucht bestimmt werden und mit dem Geschlecht nur wenig zu tun haben. Die Unterschiede zwischen Hündin und Rüde liegen auf ganz anderer

Bandito von Candybell

47

Ebene: Der Rüde hat im Normalfall ein volleres und längeres Haarkleid, das er das ganze Jahr über behält. Die Hündin hat im Jahr ihre zwei Hitzen, während denen sie von Rüden ferngehalten werden muss. Vor einer zu erwartenden Hitze haart sie gewöhnlich ab. Ein entscheidendes Kriterium für die Wahl des Geschlechts sollten eigentlich nur die bereits vorhandenen Hunde in der näheren Umgebung sein. Sind die meisten Nachbarhunde Rüden, dann sollte man sich besser keine Hündin zulegen; die Zahl ihrer Verehrer während ihrer kritischen Tage wäre zu groß. Befinden sich in Ihrer Umgebung überwiegend Hündinnen, dann würde ich Ihnen von einem Rüden abraten, er würde jedesmal, wenn er eine läufige Hündin riecht, einige kummervolle Tage verbringen müssen. Haben Sie überhaupt keine Hunde in Ihrer näheren Umgebung, können Sie sich frei für eine Hündin oder einen Rüden entscheiden.

Auswahl und Kauf

Ein gesunder Welpe ist lebhaft, hat ein glänzendes Fell und funkelnde Augen, er sollte gut genährt sein, ist also besser rund als zu mager, und zeigt auch Fremden gegenüber keine übertriebene Scheu. Eine saubere Wurfkiste und ein gepflegtes Äußeres der Welpen sind selbstverständlich. Ein kurzer Blick in der Wohnung sagt Ihnen, ob der Züchter seine Hunde zur Sauberkeit anhält. Außerdem sollten Sie darauf achten, wie die erwachsenen Hunde gehalten werden und welchen Eindruck sie auf Sie machen. Die Umgebung, in der der Welpe aufwächst, spielt eine nicht zu unterschätzende Rolle; von ihr wird er geprägt, und dies hat Einfluss auf das spätere Wesen des Hundes.

Der Preis für einen Welpen liegt bei etwa 800 €; er wird normalerweise von den einzelnen Züchtern selbst festgelegt. Für Zucht- und Ausstellungshunde liegt er entsprechend höher.

Falls Sie daran interessiert sind, den Hund später einmal auszustellen oder für die Zucht zu verwenden, sollten Sie das den Züchter wissen lassen. Er wird Ihnen dann wahrscheinlich dazu raten, ein etwas älteres Tier zu nehmen, denn die Entwicklung eines Welpen geht manchmal recht seltsame Wege, und kein Züchter kann dafür garantieren, dass sich ein vielversprechender Welpe auch vorteilhaft auswächst. Kaufen Sie den Hund dann, wenn Sie ihn eine möglichst normale Alltagssituation erleben lassen können, also nicht etwa zu Beginn der Großen Ferien, wenn die ganze Familie Tag und Nacht zu Hause ist. Er wird sich sonst einsam vorkommen, wenn Schule und Arbeit wieder anfangen. Umgekehrt sollten Sie den Zeitpunkt für die Anschaffung nicht dann wählen, wenn die Kinder gerade für einige Wochen außer Haus sind, denn er würde bei deren Rückkehr mit verständlicher Eifersucht auf sie reagieren, und das wäre ein denkbar schlechter Anfang.

Beim Kauf eines Hundes sollten Sie erhalten: die Ahnentafel, den Impfpass und eine Fütterungs- und Pflegeanleitung. Manche Züchter geben noch eine Leine und Futter für die ersten Tage mit. Ein guter Züchter wird immer bereit sein, für eventuell auftauchende Fragen zur Verfügung zu stehen.

Bevor der Welpe in die Wohnung kommt, machen Sie diese „welpensicher": Kabel entweder unter Teppichen verlegen oder in sicherer Höhe an der Wand befestigen, Grünpflanzen hochstellen, erreichbare Steckdosen mit kindersicheren Verschlüssen versehen, darauf achten, dass herunterhängende Tischdecken vom Welpen nicht erreicht und heruntergezogen werden können.

Eingewöhnung

Wenn der Welpe gerade in seinem neuen Heim angekommen ist, sollte man ihn am besten einfach laufen lassen und ihn beobachten. Lassen Sie ihn zunächst nur in ein Zimmer – eine begrenzte Umgebung macht ihm die Eingewöhnung leichter. Erst wenn er sich darin gut auskennt, sollte er nach und nach mit dem ganzen Haus vertraut gemacht werden. Am sinnvollsten ist es vielleicht, wenn der Welpe mit einem Spielzeug in seiner Höhle abgesetzt wird. Suchen Sie sich einen Platz in einiger Entfernung, von wo Sie ihn gut beobachten können, und überlassen Sie ihn zunächst sich selbst. Nach einiger Zeit wird ihn seine Neugier von allein aus der Höhle treiben. Vorsichtig wird er dann wohl Schritt für Schritt seine neue Umgebung untersuchen und beschnüffeln.

Wenn der Welpe gewöhnt ist, seine „Geschäfte" auf der Zeitung zu erledigen, sollten Sie am besten an mehreren Stellen größere Zeitungsflächen auslegen, damit er die Möglichkeit hat, ohne Schwierigkeiten eine „Toilette" zu finden (ihr Teppichboden wird es Ihnen danken). Bewegt er sich einigermaßen ohne Scheu, können Sie sich versuchsweise auf den Boden legen. Normalerweise wird er sehr bald zu Ihnen kommen, um zu spielen oder sich streicheln zu lassen. In den ersten Tagen sollte man Besuchern, die natürlich neugierig auf die Neuerwerbung sind, klarmachen, dass der Welpe erst dann zu besichtigen ist, wenn er sich an die fremde Umgebung und seine Familie gewöhnt hat. Er soll ja schließlich wissen, wo er hingehört.

Die ersten Nächte

verbringt der Welpe am besten in einer großen Kiste oder etwas ähnlichem, wo er nicht herauskann und wo Platz genug ist für einen gemütlichen Schlafplatz, etwas Futter und Wasser sowie eine kleine Ecke mit Zeitungspapier, damit der Kleine dort nachts seine Geschäfte erledigen kann. Am besten stellen Sie die Kiste in Bettnähe auf. So können Sie den Hund sofort beruhigen, indem Sie ihn einfach ansprechen oder kurz streicheln, falls er in der Nacht anfangen sollte zu weinen. Auch falls er später einmal im Bett schlafen darf, sollte er jetzt noch nicht mit hineingenommen werden – die Gefahr, dass er in der Dunkelheit herausfällt und sich verletzt, ist zu groß.

Ideal ist es, wenn sich der Welpe vor dem Schlafengehen noch einmal ausgiebig müde tobt. Ein Butterkeks als „Betthupferl", das gewährt am ehesten eine ruhige Nacht.

Ausrüstung

Wenn Sie vorher noch keinen Hund besessen haben, sollten Sie sich im Laufe der Zeit folgende Grundausrüstung beschaffen: Eine Leine, am besten eine ganz dünne und leichte, damit sich der Welpe schnell daran gewöhnt. Es gibt Ausstellungs-Vorführleinen, bei denen Halsband und Leine zusammengearbeitet sind, und die auch für jede Hundegröße benutzt werden können.

Ein offenes Hundekörbchen; es gibt ganz besonders hübsche aus Stoff, die innen mit Plüsch gefuttert sind. Sie haben den Vorteil, dass sich der Welpe daran nicht verletzen kann und dass sie jederzeit schnell in der Waschmaschine gewaschen werden können. Der Chihuahua wird eine Höhle einem normalen flachen Körbchen vorziehen.

Eine verschließbare Box für den Transport.

Einen Futter- und einen Wassernapf. Diese sollten stabil und so schwer sein, dass sie nicht herumgetragen oder umgestoßen werden können.

Diverse Spielsachen wie Gummitiere (speziell für Hunde im Fachhandel erhältlich), alte geknotete Socken, Lederlappen, Büffelhautknochen oder -spielzeug und alte Stofftiere (hier müssen Glasaugen, Plastiknasen u.a. herausgetrennt werden, bevor sie der Welpe bekommt; er könnte sich daran verletzten bzw. sie verschlucken).

Erziehung

Da der Chihuahua sehr intelligent und sensibel ist, bringt die Erziehung kaum Probleme mit sich. Konsequenz ist jedoch eine absolut notwendige Voraussetzung. Um den Kleinen anfangs nicht zu sehr zu verwirren, sollten möglichst kurze und gut zu unterscheidende Worte wie „Pfui", „Brav" u.ä. verwendet werden. Als Strafe genügt meist ein energischer Verweis oder schlimmstenfalls ein leichtes Schütteln am Nackenfell, wie es die Mutter-Hündin mit ihren „Sprößlingen" macht. Beim Welpen sollten Sie unbedingt auf Schläge, vor allem mit der Zeitung, verzichten; der Kleine gerät dadurch nur in Panik, und der erzieherische Effekt ist gleich Null.

Wenn der Welpe zu laut wird, oder beim Spielen in einem gewissen Alter einmal zu grob „zupackt", hält man ihm für einige Sekunden mit der Hand den Fang zu, tadelnde Worte unterstützen diese Erziehungsmethode, die auch von erwachsenen Hunden gegenüber Junghunden angewendet wird. Beim ausgewachsenen Hund kann man schon mal einen Klaps geben.

Strafe muss unbedingt sofort auf die „Untat" erfolgen, da sie der Hund immer auf das bezieht, was er unmittelbar zuvor getan hat. Wenn man z.B. ins Zimmer kommt und ein Häufchen vorfindet, das der Welpe schon vor einiger Zeit gemacht hat, dann hat es gar keinen Sinn, ihn jetzt dafür zu tadeln. Am besten, man beseitigt es unauffällig.

Der neugierige und intelligente Welpe lernt am besten beim Spielen. Sozusagen nebenbei begreift er die Bedeutung kleiner Befehle wie „Komm!", „Sitz!" usw. Es liegt am Besitzer, die Spiele so zu gestalten, dass sie einen erzieherischen Effekt haben. Es ist für einen Chihuahua eine große Freude, wenn er von Herrchen gelobt wird; das sollte man ausnutzen, denn man erzielt durch Loben meist viel mehr als mit Tadel.

Ein Hund lernt nicht aus Überzeugung, sondern aus Erfahrung. Er kann auch von sich aus nicht entscheiden, ob etwas gut oder schlecht ist. Er merkt sich, ob auf ein Verhalten mit Lob oder Tadel reagiert wurde, und dementsprechend wird er sich danach richten.

Dem Hund ist von Natur aus gegeben, dass er je nach seiner Stellung innerhalb der Meute befehlen darf oder gehorchen muss. Und genau das ist die Grundlage für eine sinnvolle Erziehung. Erst muss die „Rangordnung" geklärt werden (natürlich zugunsten des Menschen!), dann wird sich der Hund willig unterordnen, ohne dass er dies als negativ oder Unterdrückung empfindet. Im Gegenteil: Klare Verhältnisse geben ihm eher ein Gefühl von Sicherheit. Er wird vielleicht noch einige Male, vor allem im Flegelalter versuchen, die Rangordnung zu seinen Gunsten zu ändern, aber meist gibt er schnell wieder auf.

Man liest und hört oft, dass man einen Hund niemals mit der Hand strafen soll, da dieser davon handscheu würde. Ich kann nach jahrelanger Erfahrung dieser

Welpen in den verschiedenen Entwicklungsstadien. Von rechts nach links: 20 Tage, 5 Wochen, 10 Wochen, 18 Wochen, 5 Monate

Ansicht jedoch keinesfalls zustimmen. Wer seinem Hund in wirklich berechtigten Situationen einen Klaps verpasst, braucht nicht zu fürchten, dass dieser die Schläge auf die Hand bezieht. Ich möchte betonen, dass ein Hund keinesfalls wegen jeder Lappalie einen Klaps bekommen darf, sondern wirklich nur in extremen Fällen, und auch dann nur, wenn der Hund genau nachvollziehen kann, wofür die Strafe war. Ein unbeherrscht gestrafter Hund fürchtet den Menschen an sich, und dabei spielt es dann keine Rolle mehr, ob mit der Hand oder mit der Zeitung gestraft wurde.

Stubenreinheit

Das größte Anliegen eines neuen Hundebesitzers ist wohl eine möglichst rasche und sichere Erziehung zur Stubenreinheit. Sie haben Glück, wenn Ihr Welpe bei einem Züchter aufwachsen durfte, der Wert auf Sauberkeit gelegt hat. In der Regel sind solche Hunde zuverlässig an Zeitung oder Katzentoilette gewöhnt. In der Aufregung der Umstellung kann es zwar passieren, dass das eine oder andere „Geschäft" danebengeht, aber der Welpe kennt das Verbot ganz genau. Zeigen Sie ihm lediglich „seine" Stelle, und mit einiger Konsequenz ist das Problem in wenigen Tagen gelöst.

Etwas schwieriger ist es schon, wenn der Welpe das Verständnis für Sauberkeit nicht mitbringt. In diesen Fällen hilft nur ständiges Beobachten und den Hund keine Minute aus den Augen zu lassen. Es ist folglich beinahe unvermeidlich, dass man die ersten Tage fast ausschließlich mit dem Hund verbringt.

Es ist in jedem Fall vorteilhaft, den Hund daran zu gewöhnen, seine „Geschäfte" draußen zu erledigen. Ideal ist ein eigener Garten, in dem der Hund sein spezielles Plätzchen zugewiesen bekommt.

Hundebesitzer in ländlichen Gegenden haben keinerlei Schwierigkeiten, einen geeigneten Löseplatz zu finden, in der Stadt hingegen ist dies oft problematisch. Manchmal bleibt kein anderer Ort als eine ruhige Straße. Hier sollte man den Hund dazu erziehen, sich möglichst am Rand zu lösen. Eventuelle Häufchen werden mit Rücksicht auf andere mit einem, Papiertaschentuch beseitigt, was bei dieser kleinen Rasse wirklich zumutbar ist. Es erübrigt sich wohl zu sagen, dass Kinderspielplätze, Parks mit Liegewiesen u.ä. absolut tabu sind.

Welpen „müssen" regelmäßig nach erfolgter Futteraufnahme und nachdem sie längere Zeit geschlafen haben. Alarmzeichen für „Geschäfte" außer der Reihe sind aufgeregtes Suchen am Boden oder im Kreisdrehen. Dann ist es aber auch allerhöchste Zeit, den Welpen hochzunehmen und entweder auf die Zeitung oder nach draußen zu setzen. Nach erfolgreicher Erledigung wird er überschwenglich gelobt. Bereits nach wenigen Tagen müssen sich Erfolge einstellen. Katzentoilette und Zeitung müssen nach Benutzung sofort wieder saubergemacht werden. Andernfalls wird sich ein normaler Welpe – mit seinem ausgeprägten Sinn für Sauberkeit – instinktiv einen neuen Platz für Häufchen und Pipis suchen.

Halsband und Leine

Anfängliche Schwierigkeiten bereitet manchmal auch das An-der-Leine-Gehen. Einige Hunde lernen das mit Leichtigkeit, anderen fällt es furchtbar schwer. Bei Welpen hat es sich bewährt, ihnen durch Anlegen eines Uhrenarmbandes das Gefühl des Etwas-um-den-Hals-Habens zu vermitteln. Nach ein bis zwei Tagen haben sie sich damit abgefunden. Dann kann man eine leichte Leine anlegen, mit der sich der Welpe unter Beaufsichtigung in der Wohnung bewegt. Danach kann man vorsichtig versuchen, das Leinenende anzuheben und den Kleinen mit Leckerbissen neben sich herzulocken. Nach einiger Zeit dürfte er die Angst vor der Leine verloren haben, und man kann allmählich beginnen, nach draußen zu gehen.

Manche Züchter tun sich etwas schwer damit, Hunde zu Ausstellungszwecken „an die Leine zu bekommen".

Meist ist soviel Auslauf vorhanden, dass überhaupt keine Notwendigkeit besteht, die Hunde leinenführig zu machen. Wenn dann erst kurz vor dem Ausstellungsalter damit begonnen wird, ist die Gewöhnung sehr viel schwieriger. Den meisten Züchter-Ausstellern wird es so gehen wie mir: Ich spiele lieber mit allen Hunden auf dem Boden, als mich mit einem einzelnen intensiv mit Ringtraining zu befassen. Zwei Wochen vor der ersten Ausstellung ist dann Not am Mann. Wenn gar nichts mehr hilft, wird der kleine Unglückskandidat eben ausschließlich an der Leine von Hand gefüttert. Schon nach wenigen Tagen verbindet er die Leine mit dem positiven Erlebnis des Gefüttertwerdens. Seine Häppchen bekommt er immer nach einer vollendeten Runde Laufens und einigen Sekunden Stehens in „Show-Pose".

Wenn er vorher bettelnd an mir hochspringt, fällt die Belohnung für diese Runde aus. Es ist erstaunlich, wie schnell so ein Tier diese Zusammenhänge kapiert. Ein besonderer Ansporn ist es meist, wenn einige andere Hunde frei nebenher laufen. Dann kann Futterneid nämlich sehr hilfreich sein, zumal der Übungshund sehr schnell herausfindet, dass er der eigentliche Mittelpunkt des Geschehens ist.

Einen ganz hartnäckigen Fall bei einem Rüden, der trotz aller Bemühungen auch mit fast eineinhalb Jahren im Ring noch nicht „funktionierte", haben wir damit gelöst, dass er jedesmal, bevor er decken sollte (durfte!) eine Stunde vorher an die Leine kam und wir „Ausstellung" mit ihm spielten. Unnötig zu betonen, dass dieser Junge nach einiger Zeit und einer Anzahl von Deckakten fortan in Erwartung einer läufigen Hündin höchst motiviert im Ring präsent war. Natürlich hatte er unsere List irgendwann einmal durchschaut, aber da hatte er dann auch schon Routine und Spaß am Ausgestelltwerden.

„Aus!"

Eine wichtige Lektion besteht darin, ihm beizubringen, auf den Befehl „Aus!" alles freiwillig abzugeben, was er im Fang hat. Gerade junge Hunde haben die Angewohnheit, alles aufzunehmen, was sie unterwegs finden. Sie können sich (und dem Hund!) viel Ärger ersparen, wenn er gelernt hat, seine Beute auf Befehl herzugeben.

Außerdem sollte man dem Hund von klein auf klarmachen, dass er keine Fliegen fangen darf. Es sieht zwar sicher niedlich aus, wenn er schnappend hinter einer Mücke herrennt, die zehnmal schneller ist als er. Leider sind aber Bienen und Wespen keineswegs zu schnell für einen Hund, und es kann ein böses Ende haben, wenn er in den Rachen gestochen wird!

Lästige Bellfreude

Wie alle kleinen Hunde ist auch der Chihuahua äußerst bellfreudig. Unbewusst unterstützt man dies dadurch, dass es einen anfangs amüsiert, wenn ein winziger Welpe „bellt". Macht man ihm schon in diesen Anfängen klar, dass er das nicht tun soll, am besten in einem sehr leisen Ton, sonst würde es ihn nur zusätzlich anstacheln, kann man ihn leicht zum Ruhigsein erziehen.

Ein Hund passt sich übrigens auch in seinen Lautäußerungen seiner Umwelt an. Wenn er in einer lärmenden Familie gehalten wird, ist er mit Sicherheit selbst auch entsprechend lauter. Ein Hund, der bei einer Einzelperson oder einem älteren Ehepaar geruhsam lebt, ist fast nicht zu hören.

Ernährung und Pflege des Welpen

In der ersten Zeit sollte man sich möglichst genau an das Fütterungsschema des Züchters halten, um die Umstellung so schonend wie möglich erfolgen zu lassen. Fast alle im Handel erhältlichen Welpenfutterprodukte sind empfehlenswert, aber auch gekochtes, mageres Fleisch mit Reis und Gemüse oder Magerquark mit geriebenem Obst und Traubenzucker. Natürlich eignet sich auch menschliche Babykost, allerdings ist dies keine billige Art zu füttern. Insgesamt sollte man darauf achten, dass der Eiweißanteil (Fleisch, Fisch etc.) eine gute Hälfte der Futtermenge ausmacht; die andere Hälfte teilt sich in Obst, Gemüse und Kohlehydratträger (Flocken, Reis etc.).

My Home
is my
Castle

Junghunde erhalten

bis zum 4. Monat 5 Mahlzeiten,
bis zum 6. Monat 3 Mahlzeiten,
bis zum 12. Monat 2 Mahlzeiten
und schließlich nur noch eine Mahlzeit pro Tag.

Das Füttern sollte möglichst immer zu gleichen Zeiten erfolgen. Übriggelassenes Futter wird weggenommen; denn hat der Welpe ständig die Möglichkeit zu fressen, ist seine Verdauung nur schwer unter Kontrolle zu bekommen. Außerdem verdirbt Frischfutter bei warmem Wetter viel zu schnell und zieht Fliegen magisch an. Welpentrockenfutter darf immer bereitstehen, der Welpe wird sich davon nur nehmen, wenn er plötzlich großen Hunger hat, ansonsten wartet er lieber auf die nächste Mahlzeit.

Frisches Wasser oder Tee müssen immer zur Verfügung stehen; lebensnotwendig wird dies, wenn Trockenfutter gereicht wird.

Mit Fett sollte man im Welpenalter relativ sparsam umgehen, da es rasch Durchfall verursachen kann. Ein Mindestquantum sollte dennoch garantiert sein.

Gerne kann man dem Hund zwischendurch frisches Obst oder Gemüse anbieten; das beschäftigt ihn für einige Zeit, und außerdem ist es gesund.

Bei abwechslungsreicher, ausgewogener Kost erübrigen sich Vitaminzusätze; die Rasse wächst nicht so schnell und schubartig, als dass diese zusätzlich erforderlich wären. Regelmäßig eine Kalzium- und eine Hefetablette genügen.

Zu pflegen gibt es beim Chihuahua-Welpen, insbesondere bei den kurzhaarigen, so gut wie nichts. Ab und zu sollten Sie die Ohren nachsehen, die Augen auswischen und die Nägel schneiden oder feilen.

Es wird selten notwendig sein, einen Chihuahua zu baden. Allerdings finden sich manche mit „Düften" unwiderstehlich, die uns Menschen alles andere als angenehm sind, und so wird nach gewissen Wälzungen in Dingen, auf deren Aufzählung ich hier lieber verzichten möchte, ein kurzer Gang ins Waschbecken unvermeidlich sein. Gute Hundeshampoos sind heute überall erhältlich. An warmen Tagen genügt es, wenn man nach dem Baden das Fell gründlich mit einem Fensterleder ausdrückt. Nachdem der Hund dann kurz durchgekämmt wurde, kann man ihn an der Luft trocknen lassen. Sonst föhnt man ihn mittelwarm trocken. Um ihn an das spätere „Zähneputzen" zu gewöhnen, sollte man öfters mit einem Leinenlappen über die Zähnchen reiben. Dasselbe gilt für das Kämmen und Bürsten beim Langhaar: Obwohl im Grunde nicht unbedingt notwendig, sollte man ihn rein zur Übung öfters durchkämmen.

Hunden, die im Sommer viel auf heißem Asphalt oder Straßen laufen, sollte man vorsorglich die Ballen mit Vaseline oder Penatencreme einreiben, damit diese nicht austrocknen oder rissig werden.

Vom Junghund zum erwachsenen Hund

Die Entwicklung

Beim normalgroßen Chihuahua ist das Größenwachstum nach dem siebten Lebensmonat fast beendet. Als Faustregel gilt: Je kleiner der ausgewachsene Hund, desto schneller hat er seine endgültige Größe erreicht. Wenn man einen Welpen mit 12 Wochen bekommt, hat der Langhaar ein dichtes, biberpelzartiges Fell. Doch dadurch, dass der Hund größer wird, das Haar in dieser Zeit aber fast nicht wächst, erscheint er zwischen dem 5. und 8. Monat etwas dürftig behaart.

Der Zahnwechsel erfolgt mit etwa fünf bis sechs Monaten. Bei einigen geht er fast unmerklich vor sich, andere tun sich etwas schwerer. Es kann vorkommen, dass der Junghund während der Zeit des Zahnwechsels die Ohren nicht mehr einwandfrei stellt. Dies könnte ein Zeichen dafür sein, dass durch die Bildung der Zähne zuviel Kalzium benötigt wird. Alle zwei Tage eine Kalziumtablette (Fachhandel) lässt die Ohren bald wieder stehen.

Mit dem Zahnwechsel erfolgt auch der Haarwechsel. Das weiche Babyfell wird unmerklich abgestoßen, und danach wächst das festere bleibende Haar. Bis das Haarkleid seine endgültige Länge und Fülle bekommt, kann es bis zu zwei Jahren dauern. Bei Hündinnen ist ab etwa dem achten Monat die erste Hitze zu erwarten.

Kurz nach der Zeit des Zahnwechsels machen viele Junghunde eine Art *Flegelphase* durch. Waren sie bisher immer folgsam und haben sich beim Spaziergang nicht zu weit entfernt, kann sich das jetzt sehr schnell ändern. In dem Junghund erwacht nun der Drang, alles zu erforschen und seine Kräfte zu probieren. Es kann sogar durchaus einmal vorkommen, dass er – rein zur Erprobung seiner Macht – einmal etwas in die Wohnung macht. Je energischer man dagegen vorgeht, desto schneller wird er es auch wieder sein lassen.

Die Eingliederung in die Familie

Nachdem eventuelle anfängliche Eingewöhnungs- und Umstellungsschwierigkeiten überwunden sind, beginnt unmerklich der Alltag. Langsam lernt der Hund die Gewohnheiten „seiner" Familie kennen. Er richtet seine Spiel- und Schlafenszeiten danach ein, und diese sollte man ihm auch zugestehen.

Sind **Kinder** im Haus, so sollten Sie diese unbedingt anweisen, den Hund in Ruhe zu lassen, wenn er sich in sein Körbchen zurückgezogen hat. So wird er im Spiel mit Kindern viel freier sein, denn er hat ja jederzeit die Möglichkeit, sich zurückzuziehen und selbst das Ende des Spiels zu bestimmen. Ansonsten sollten Sie dafür sorgen, dass das Kind eine möglichst natürliche Beziehung zum Hund entwickelt. Kinder finden im Normalfall leicht selbst heraus, was dem Hund gefällt und was nicht. Überlassen Sie am besten den Kindern einen Teil der Pflichten am Hund wie Füttern, Gassigehen oder Bürsten. Bei mehreren Kindern können diese entsprechend auf die einzelnen verteilt werden.

Die Erziehung sollte jedoch größtenteils den Erwachsenen vorbehalten sein, da Kinder nur selten in der Lage sind, gerecht zu strafen; nur allzugern lassen sie eben selbst verspürte Erziehungsmaßnahmen postwendend am Hund aus.

Füttern bei Tisch sollte grundsätzlich tabu sein. Der Hund kann zwar seine Mahlzeiten gleichzeitig mit der Familie einnehmen, jedoch ausschließlich aus seinem Napf. Das lästige Betteln wird er erst gar nicht anfangen, wenn er nicht die Erfahrung macht, dass vom Tisch etwas kommen könnte.

Ferienprobleme kennt der Chihuahua-Besitzer nicht. Klein wie er ist, kann der Hund bequem überallhin mitgenommen werden, sogar Fluggesellschaften haben nichts dagegen, dass man kleine Hunde in einer Transportbox in die

Da fällt doch einer aus der Reihe

Passagierkabine mitnimmt. Gut erzogene Hunde erregen auch in den meisten Hotels und Restaurants keinen Anstoß. Bei Wanderungen ist er ein unermüdlicher Begleiter. Klimawechsel verträgt er normalerweise besser als Herrchen, und die Beschaffung der winzigen Futterrationen ist ebenfalls keine Schwierigkeit. Denken Sie daran, bei Einreisen in andere Länder die Impfbestimmungen zu beachten, die bei jedem Tierarzt zu erfragen sind.

Pflege

Obwohl der Chihuahua sehr pflegeleicht ist, gibt es doch einige Dinge, die man beachten sollte. Ähnlich wie die Katze hat er einen ausgeprägten Reinigungstrieb. Trotzdem sollte man seinen Hund jeden Tag einmal durchbürsten. Für die tägliche Pflege benötigen Sie eine weiche Naturhaarbürste oder eine Drahtbürste mit Noppen, einen grob- und einen feinzinkigen Metallkamm.

Ab und zu sollten die Ohren mit einem in Babyöl getauchten Wattestäbchen gereinigt werden.

Wenn Ihr Hund überwiegend auf glattem oder Teppichboden läuft, müssen die Nägel regelmäßig gekürzt werden. Dazu können Sie eine Krallenschere (Zoofachhandel) verwenden. Bei hellen Nägeln sieht man deutlich, bis wohin geschnitten werden darf – nämlich kurz vor dem durchbluteten Teil. Zum Kürzen dunkler Krallen bedarf es einiger Erfahrung, da der Anfang der rot durchbluteten Nagelhaut nicht zu erkennen ist. Bitten Sie evtl. einen Fachmann um Hilfe. Besser ist es, die Nägel regelmäßig und in kurzen Abständen mit einer Sandpapierfeile abzuraspeln. Überlange Nägel – vor allem eingewachsene Daumenkrallen – sind dem Hund nicht nur unangenehm, sondern können ihm auch erhebliche Schmerzen bereiten. Wenn die Nägel zu lang werden, ist auch der richtige Auftritt auf die Ballen und das korrekte Abrollen der Pfote beim Laufen nicht mehr gegeben. Im Laufe der Zeit spreizen sich dann die Zehen, und das sieht wirklich nicht mehr hübsch aus.

Wie bei allen Kleinhunden muss man auch beim Chihuahua aktiv etwas für die Erhaltung der Zähne tun. Der Hund sollte oft Futter erhalten, das von den Zähnen zerkleinert werden muss, damit das Gebiss etwas zu arbeiten hat. Dann sollte man ruhig ab und zu Knochen (vom Kalb oder Rind) oder Büffelhautknochen geben, denn Nagen ist sowohl für die Zähne als auch für das Zahnfleisch nützlich.

Kleine Hunde setzen sehr gern Zahnstein an; dieser sieht nicht nur unschön aus und verursacht üblen Mundgeruch, sondern ist auch verantwortlich für Zahnfleischentzündungen, Zahnfleischschwund und frühen Zahnverlust bereits im Alter von 3 bis 4 Jahren. Viele Hundebesitzer machen es sich bequem und gehen jährlich ein- bis zweimal zum Tierarzt, um den Zahnstein unter Narkose entfernen zu lassen. Eine Narkose ist jedoch immer mit einem gewissen Risiko verbunden, und Sie können sich den Tierarzt sparen, wenn Sie dem Hund regelmäßig im Abstand von ein bis zwei Wochen das Gebiss reinigen. Dazu legen Sie das Tier am besten auf Ihrem Schoß auf den Rücken, nehmen eine nicht zu scharfe Zahncreme (Kinderzahnpasta) und reinigen das Gebiss mit Hilfe eines Leinenläppchens oder Wimpernbürstchens. Notwendig wird die Zahnreinigung erst nach dem Zahnwechsel, also mit etwa einem halben Jahr, es ist jedoch ratsam, den Hund schon von klein an daran zu gewöhnen. Ich beginne meistens schon im

Welpenalter damit, dann allerdings mit Leberwurst anstatt Zahncreme. Die Welpen gewöhnen sich damit nicht nur an die Prozedur, es macht ihnen sogar Spaß. Nach dem Zahnwechsel sollte man kontrollieren, ob wirklich alle Milchzähne herausgefallen sind. Häufig bleiben einzelne Zähne, vor allem die Eckzähne, stehen. Bei Hunden, die spater ausgestellt werden sollen, ist es ratsam, die verbliebenen Milcheckzähne ziehen zu lassen, sofern es sich um die unteren handelt. Diese können verhindern, dass der bleibende Zahn, der innen nachkommt, sich richtig nach außen platzieren kann. Bei den oberen Eckzähnen kann ein verbleibender Milcheckzahn den korrekten Stand des neuen Eckzahnes nicht beeinflussen.

Bei blue-fawn-farbenen Chihuahuas (hauptsächlich kurzhaarigen) gibt es noch eine kleine Sondermaßnahme bei der Ohrpflege. Bei diesem Farbschlag, der ein sehr dunkel pigmentiertes Ohrleder hat, kommt es häufig vor, dass ein Haarausfall an den Ohren auftritt. Er beginnt an den Ohrrändern; durch eine fettige Absonderung aus der Haut verkleben die Haare, die sich dann büschelweise ablösen. Wenn nichts unternommen wird, werden die Ohren im Laufe der Zeit kahl und bleiben es auch. Die fettige Absonderung ist so fest und zäh, dass sie sich meist nicht auswaschen lässt. Man muss hier die verklebten Haare mit den Fingern herauszupfen (es geht ganz leicht, weil diese sowieso schon nicht mehr festsitzen). Manchmal sind schon größere Flächen der Ohren betroffen, und man muss auf jeden Fall alle losen Haare entfernen. Danach wird das Ohr mit einer Mischung aus halb Shampoo halb Scheuermilch (Viss o.ä.) gründlich einmassiert, abgespült und abgetrocknet und hinterher gut mit *Oleum Cocos Hydrogenatum* (erhältlich in der Apotheke, kostet nur ein paar Pfennige) eingerieben (Foto S. 102). Innerhalb weniger Wochen ist das Ohr wieder vollständig behaart. Meist genügt eine einmalige Behandlung, bei manchen Hunden tritt dieses Phänomen noch ein- oder zweimal im Abstand von einigen Monaten auf. Die Ursache für diesen Haarausfall, der auch bei anderen Rassen auftritt, ist nicht bekannt, aber wenigstens können wir diesem Problem mit einfachen Mitteln beikommen.

Ausstellungen

Allgemeines

In Deutschland unterscheiden wir drei Arten von Ausstellungen: Bei den
Internationalen Rassehunde-Zuchtschauen, die von der FCI (Internationaler
Dachverband) geschützt sind, können alle Rassen gemeldet werden.
Die **Spezialzuchtschauen** werden vom VDH (Deutscher Dachverband) geschützt
und meist von einem Spezialverein organisiert. Daher können dort auch nur die
von dem entsprechenden Verein betreuten Rassen gemeldet werden.
Nationale Zuchtschauen, die dritte Ausstellungsart, sind vom VDH geschützte
nationale Ausstellungen für Hunde aller Rassen.

Tischtraining

Formwertnoten

Vorzüglich (V) erhalten Hunde, die dem Rassestandard in fast vollendeter Weise entsprechen, in allen Teilen größte Vollkommenheit aufweisen, dem Idealtypus am nächsten kommen und die am Ausstellungstag in optimaler Kondition gezeigt werden.

Sehr gut (SG) können Hunde erhalten, die dem Rassestandard in hohem Maße entsprechen und deren anatomischer Bau als nahezu fehlerfrei bezeichnet werden darf, jedoch trotz edler und beachtenswerter Formen nicht an die höchste Qualifikation heranreichen.

Gut (G) können Hunde erreichen, die im allgemeinen den Rassekennzeichen hinreichend entsprechen, jedoch kleinere Mängel aufweisen.

Genügend (Ggd) können Hunde erreichen, die zwar im allgemeinen dem Rassestandard noch entsprechen, jedoch größere Mängel aufweisen und sich zur Zucht nicht eignen.

Disqualifiziert (disq) erhalten Hunde, denen keine der obigen Formwerte zuerkannt werden kann. Der Grund ist im Richterbericht aufzuführen.

Klasseneinteilung

Jüngstenklasse: Für Junghunde, die am Tag der Ausstellung zwischen 6 und 9 Monate alt sind; es werden weder Titel noch Titelanwartschaften vergeben. Als Formwert kann erreicht werden: Vielversprechend –versprechend– wenig versprechend.

Jugendklasse: Für Hunde, die am Tag der Ausstellung zwischen 9 und 18 Monate alt sind. Erreichbare Formwertnoten: V, SG, G, GEN, DISQ. Zusammen mit dem zu vergebenden Höchstformwert können Jugendsiegertitel und Jugendchampion-Anwartschaften zur Vergabe kommen.

Zwischenklasse: Für Hunde, die am Tag der Ausstellung mindestens 15 Monate, höchstens 24 Monate alt sind. Formwertnoten siehe Jugendklasse. Es können Tagessiegertitel und Championats-Anwartschaften errungen werden.

Offene Klasse: Für Hunde, die am Tag der Ausstellung mindestens 15 Monate alt sind. Erreichbare Formwertnoten siehe Jugendklasse. Es können Tagessiegertitel und Championats-Anwartschaften errungen werden.

Championklasse: Für Hunde, die bei Abgabe der Meldung einen der nachstehenden Titel bestätigt haben: Internationaler Champion, Nationaler Champion (eines FCI-Landes), FCI-Weltsieger, Deutscher Bundessieger. Formwertnoten: wie Jugendklasse. Es können Tagessiegertitel und Championatsanwartschaften errungen werden.

Vergabe von Anwartschaften

In Verbindung mit der Vergabe der Formwertnote „Vorzüglich" und dem 1. Platz (Kurz: V1) und dem 2. Platz (Kurz: V2) steht es dem Richter frei, den entsprechenden Hunden eine Titelanwartschaft, bzw. eine Reserve-Titelanwartschaft zu vergeben. In Deutschland werden nachstehende Anwartschaften in Wettbewerb gestellt:

CACIB = Certificat d´Aptitude au Championnat International de Beauté = Anwartschaft für den Titel Internationaler Schönheits-Champion.
Um die Anwartschaft für das CACIB kommen jeweils die V1-Hunde aus der Champion-, Zwischen- und der Offenen Klasse ins Stechen. Der bessere dieser Hunde kann das CACIB, der zweitbeste das Reserve-CACIB zuerkannt bekommen. CACIB und Reserve-CACIB werden nach Rüden und Hündinnen getrennt vergeben.

CAC = Anwartschaft für den Titel „Deutscher Champion" (CACs, die im Ausland errungen werden, zählen für das nationale Championat des jeweiligen Landes, in dem sie errungen werden).
Das CAC kann in Deutschland in der Sieger-, Zwischen- und in der Offenen Klasse an den V1-Hund vergeben werden, jeweils für Rüden und Hündinnen getrennt.

VDH-CAC = Anwartschaft für den Titel „Deutscher Champion VDH". Vergabebedingungen wie CAC.

JCAC = Anwartschaft für den Titel „Deutscher Jugendchampion". Kann an die V1- oder SGI-Hunde der Jugendklasse vergeben werden, ebenfalls getrennt für Rüden und Hündinnen.

Reserve-Anwartschaften gibt es bei CACIB, CAC, JCAC und VDH-CAC. Eine Reserve-Anwartschaft kann zur Anwartschaft aufrücken, wenn der für die entsprechende Anwartschaft vorgeschlagene Hund am Tage der Ausstellung den Titel, für den die Anwartschaft zählt, bereits bestätigt bekommen hat. Oder wenn sich herausstellt, dass der für die Anwartschaft vorgeschlagene Hund diese zu Unrecht erhalten hat (in der falschen Klasse gemeldet etc.).

Hunde, die in der Ehrenklasse oder außer Konkurrenz gemeldet sind, können nur eine Platzierung erhalten. Die Erstplatzierten nehmen am Wettbewerb um den Rassebesten, nicht jedoch um Anwartschaften oder Titel teil.

Hunde, die in der Veteranenklasse gemeldet werden müssen mindestens 8 Jahre alt sein. Sie können dort in Verbindung mit Platz 1 eine Anwartschaft für den Veteranen-Champion erringen. Der Erhalt von 3 Veteranen-CACs (ohne zeitliche Vorgabe) berechtigt zur Antragstellung für den Titel „Veteranen-Champion".

Auf Ausstellungen werden jeweils die vier besten Hunde einer jeden Klasse plaziert, sofern sie einen Mindestformwert von „Gut" erhalten haben. Nach Beendigung des Richtens einer Rasse wird aus allen V1-Hunden dieser Rasse der Rassebeste (BOB = Best of Breed) ermittelt.

Vergabebedingungen für Titel

Internationaler Champion: Man benötigt mindestens vier CACIBs aus drei verschiedenen Ländern, davon mindestens eines aus dem Land, in dem der Besitzer des Hundes lebt oder aus dem die Rasse entstammt. Die erhaltenen CACIBs müssen von drei verschiedenen Richtern vergeben worden sein, außerdem muss

Ch. Pebbles und Ch. Robin Stups vom Scillawald mit der Autorin als „Bestes Paar der Ausstellung" bei der Österreichischen Bundessieger-Zuchtschau 1994

es einen Mindestabstand von einem Jahr und einem Tag zwischen dem ersten und letzten CACIB geben. Der Titel muss unter Beifügung der CACIB-Karten und der Ahnentafelkopie des Hundes beim VDH beantragt werden. Kosten: 37 €.

Deutscher Champion: Vier deutsche CACs von mindestens 3 verschiedenen Richtern. Zwischen dem ersten und letzten CAC muss ein Mindestabstand von einem Jahr und einem Tag liegen. Der Titel wird beim jeweiligen Rasse-Spezialclub beantragt. Kosten: keine.

Deutscher Champion (VDH): 5 VDH-CACs, davon mindestens 3 von Internationalen oder Nationalen Zuchtschauen. Die VDH-CACs der VDH-Bundessieger und VDH-Europasieger-Zuchtschau zählen doppelt. Die dort

Gut ausgeruht präsentiert sich der Chihuahua auf der Ausstellung

errungenen Reserve-Anwartschaften zählen als volle Einzelanwartschaft. Der Titel wird beim VDH beantragt. Kosten: 35 €.

Deutscher Jugendchampion: 3 Jugend-CACs von zwei verschiedenen Richtern. Wenn ein Jugend–CAC in Verbindung mit BOB (Rassebester) errungen wurde, zählt es doppelt. Eine Zeitvorgabe gibt es nicht. Titel wird beim jeweiligen Rasse-Spezialclub beantragt. Kosten: keine.

Deutscher Jugendchampion (VDH): Anwartschaftsvergabe nur auf Internationalen oder Nationalen Zuchtschauen an den Erstplatzierten der Jugendklasse in Verbindung mit der höchstmöglichen Formwertnote. Benötigt werden 3 Anwartschaften von mindestens 2 verschiedenen Zuchtrichtern. Beantragung beim VDH. Kosten 20 €.

Die Erfüllung der Bedingungen für einen Titel berechtigen noch nicht zur Führung des Titels, sondern erst die offizielle Bestätigung durch die entsprechende Stelle. Außer den Championtiteln, die durch das Sammeln von Anwartschaften errungen werden können, werden auf vielen Ausstellungen zusätzlich noch Tagestitel vergeben, die mit der Zuerkennung des CACIB oder V1 oder dem Jugend-CAC (Jugendtitel) gekoppelt sind.

Ausstellungsvorbereitungen

Anmeldung

Bevor Sie sich mit Ihrem Chihuahua für eine Ausstellung anmelden, wäre es zweckmäßig, den „Kandidaten" einem Fachmann (meist ist es der Züchter) zu zeigen, um von vornherein auszuschließen, dass er irgendwelche Fehler aufweist, die eine gute Bewertung unmöglich machen.

Ort und Datum bevorstehender Ausstellungen erfahren Sie über den VDH (Adresse s. Anhang) oder den Spezialclub. Dort erhält man auch die Anschriften, über die die Meldeunterlagen angefordert werden können.

Meldeschluss ist z.T. bis zu sechs Wochen vor dem Ausstellungstermin; Sie müssen die Papiere also rechtzeitig anfordern. Das Meldegeld pro Hund beträgt bei Internationalen Ausstellungen etwa 50 €, Spezialzuchtschauen sind in der Regel billiger.

Läufige, trächtige und säugende Hündinnen dürfen nicht ausgestellt werden.

Ausstellungstraining

Ein Ausstellungshund sollte am besten von klein an trainiert werden. Es wird verlangt, dass der Hund (möglichst ohne Angst) auf dem Tisch steht, sich vom Richter anfassen und zur Kontrolle des Gebisses den Fang öffnen lässt. Ängstliche Hunde, die sich in einem oder mehreren Punkten nicht beurteilen lassen (z.B. Gebiss, Gangwerk), bekommen dafür mindestens eine Formwertnote abgezogen.

Nach der Bewertung auf dem Tisch muss der Hund noch eine oder mehrere Runden im Ring an der Leine laufen, damit der Richter den Bewegungsablauf und das Gangwerk beurteilen kann. Außerdem erhält er dadurch einen Eindruck des Charakters: Ist der Hund wesensfest und charakterlich einwandfrei, oder ist er scheu, ängstlich, nervös?

Das Stehen auf dem Tisch übt man am besten, indem man den Hund mehrmals wöchentlich auf einen Tisch mit einer rutschfesten Unterlage stellt. Dabei sollte der Hund daran gewöhnt werden, sich „aufbauen" zu lassen, d. h., man hält das Köpfchen hoch, stellt die Vorder- und Hinterbeine parallel, achtet darauf, dass die Ellbogen und Pfoten nicht ausgedreht werden und dass der Rücken gerade ist. Legt der Hund die Ohren an, hilft man nach durch leichten Druck mit Daumen und Zeigefinger auf den hinteren Ohransatz. Meistens muss man auch die Rute etwas hochhalten. Um dem Tier jedwede Angst vor dem Tisch zu nehmen, sollten Sie immer darauf bedacht sein, ihm die Übungsminuten so angenehm wie möglich zu machen (Loben, Streicheln, Belohnungshäppchen). Ferner sollte man vermeidbare schlechte Erfahrungen auf dem Tisch (z.B. Tierarzt) umgehen, so halte ich meine Hunde grundsätzlich auf dem Arm, wenn sie ihre jährliche Impfung erhalten usw.

Lässt sich der Hund schließlich von Ihnen ohne Schwierigkeiten „aufbauen", abtasten und in das Gebiss schauen, kann man ihn langsam daran gewöhnen, sich diese Prozedur auch von anderen Personen gefallen zu lassen.

Das Gehen an der Leine und das „Präsentieren" bereitet Hunden, die es gewohnt sind, auf belebten Straßen an der Leine ausgeführt zu werden, normalerweise keine Schwierigkeiten. Manche Hunde sind in dieser Beziehung echte Naturtalente, die die Beurteilung auf dem Tisch ohne vorheriges Üben über sich ergehen lassen, und sich auch auf dem Boden freudig und ohne Hemmungen zeigen. Andere gewöhnen sich nie an den Ausstellungsrummel und machen eine recht traurige Figur im Ring; diese werden, selbst wenn sie sonst fehlerfrei sind, nur ganz selten bei starker Konkurrenz auf den vorderen Plätzen zu finden sein.

Am Ausstellungstag selbst soll der Hund in bestmöglicher Kondition vorgestellt werden: Ein Bad zwei bis drei Tage vor der Ausstellung (damit sich das Haar wieder legen kann), sorgfältig gereinigte Ohren und Zähne sowie ein glänzendes, gepflegtes Haarkleid sind selbstverständliche Voraussetzungen. Bei gut behaarten Langhaar-Chihuahuas kommt es zuweilen vor, dass zwischen den Zehen lange Haarbüschel hervorwachsen, die fast aussehen wie Schwimmflossen. Da diese die Pfote unvorteilhaft lang erscheinen lassen, sollten sie auf Nagellänge gekürzt werden.

Manchen Hundebesitzer hört man sagen: „Ausstellen– das tue ich meinem Hund nicht an!" Zumindest für Chihuahuas, die ohne jeglichen Aufwand und vollkommen natürlich ausgestellt werden können, trifft diese Aussage nicht zu. Sicher ist es oft der Ehrgeiz und ein gewisser Vorzeigestolz, der einen Hundebesitzer dazu veranlasst, seinen Hund auszustellen. Wir dürfen aber nicht vergessen, dass speziell unsere Chihuahuas auch potenzielle kleine „Angeber" sind, die es genießen, im Mittelpunkt zu stehen. Für so einen Hund ist eine Ausstellung immer ein festliches Ereignis. Gegen seinen Willen lässt sich ein Chihuahua sowieso nicht zum Ausstellungschampion zwingen, egal wie schön er sein mag. Wenn er wie ein Unglückshäufchen durch den Ring schleicht, lässt man ihn gerne zu Hause …

Bevor Sie sich auf den Weg zur Ausstellung machen, sollten Sie sicher sein, dass Sie nachstehende Unterlagen dabeihaben: Annahmebestätigung Ihrer Meldung, Aussteller-Einlasskarte, die Ahnentafel(kopie) des Hundes und den Impfpass mit der gültigen Tollwut-Impfbescheinigung (Impfung mindestens vier Wochen alt, aber nicht älter als ein Jahr).

Der Ausstellungstag

Man sollte frühzeitig von zu Hause wegfahren, damit man das Ausstellungsgelände pünktlich und ohne Hetze erreicht. Der Hund merkt sofort, wenn Herrchen in Hektik ist, und reagiert entsprechend mit Nervosität und Unsicherheit im Ring. Bevor man in das Ausstellungsgelände eingelassen wird, muss man durch eine Veterinär- und Einlasskontrolle. Um Verzögerungen zu vermeiden, sollten Sie deshalb am Eingang Ihre Annahmebestätigung und den Impfpass bereithalten. Aus dem Katalog können Sie ersehen, an welchen Ring Sie müssen. Der nächste Weg geht nun zu den Boxen oder zum Richtertisch, wo Sie sich die Startnummern abholen. Im Ring selbst befindet sich in der Regel eine Tafel, auf der die Reihenfolge der zu richtenden Rassen abzulesen ist. Andernfalls fragen Sie den Sonderleiter, einen Ringhelfer oder einen anderen Aussteller, wann die Rasse gerichtet wird. Bevor Sie mit dem Hund in den Ring gehen, wird er nochmals durchgebürstet; gegebenenfalls wischen Sie auch die Augen nochmals aus. Ihre Startnummer muss gut sichtbar an der Kleidung angebracht sein. Wenn Sie mit mehreren Ausstellern in der Klasse in Konkurrenz stehen, stellen Sie sich in der Reihenfolge der Startnummern auf. Gewöhnlich lässt der Richter alle Hunde einer Klasse einige Runden zusammen im Ring laufen, um sich einen Überblick zu verschaffen. Wenn sich Ihr Hund dabei vorteilhaft zeigt, haben Sie schon einen Pluspunkt.

Danach erfolgt die Einzelbewertung auf dem Tisch. Der Richter diktiert dem Ringschreiber während dieser Beurteilung den Richterbericht, den Sie nach der Ausstellung erhalten. Zur Beurteilung des Gangwerkes, der Rückenlinie in der Bewegung, Rutenhaltung usw. muss sich der Hund nach Anweisung des Richters noch einmal in der Bewegung zeigen. Der Hund wird beim Vorführen an Ihrer linken Seite an der Leine geführt.

Nachdem alle Hunde durchbewertet sind, lässt sie der Richter meistens ein weiteres Mal gemeinsam eine Runde laufen; danach erfolgt die Platzierung. Der Erstplatzierte muss später noch einmal in den Ring zum Stechen um den Titel, CACIB und Rassebester.

Nach Beendigung des Richtens kann man am Richtertisch die Beurteilung und gegebenenfalls Urkunden abholen. Das Ausstellungsgelände darf jedoch erst nach dem Ende der Ausstellung (meistens zwischen 16 und 17 Uhr) verlassen werden, denn schließlich wollen die Besucher Hunde sehen und nicht leere Ringe und Käfige.

Zucht

Allgemeines

Grundlage für die züchterisch positive Entwicklung einer Rasse ist die sorgfältige Auswahl der Zuchttiere. Rasseuntypische, fehlerhafte und wesensgestörte Tiere müssen von der Zucht ausgeschlossen werden, wenn wir unsere Rasse gesund und vital erhalten wollen. Es ist nichts dagegen einzuwenden, dass der Privatbesitzer seine Hündin einmal decken lässt, um die Aufzucht eines Wurfes mitzuerleben, vorausgesetzt, die Hündin entspricht in den wesentlichen Teilen dem Standard und ist auch anatomisch für ein problemloses Austragen und Werfen der Welpen geeignet. Beim Chihuahua trifft man oft auf die Schwierigkeit, dass ein gewisser Prozentsatz der Hündinnen für Zuchtzwecke einfach zu klein ist, zumal die Welpen im Verhältnis zur Mutter sehr groß geboren werden.

Bevor man sich entschließt, seine Hündin decken zu lassen, sollte man sich darüber im Klaren sein, dass die Aufzucht eines Wurfes sowohl einen beachtlichen

Drei die das Zeug zum Sieger haben

finanziellen Aufwand bedeutet als auch einen enormen persönlichen Einsatz fordert. Wer sich von einem Wurf finanzielle Gewinne verspricht, wird wohl spätestens nach der Endabrechnung eine böse Überraschung erleben. Leider ist es auch nicht immer so, dass die Welpen reißenden Absatz finden. Vor allem ein unbekannter Züchter, der seinen ersten Wurf macht, muss sich darauf einstellen, dass er einige Zeit auf den Kleinen „sitzenbleibt". Zwar versucht auch der Verein, die Welpen an Interessenten weiterzuvermitteln, aber die Zahl der Anfragen bei der Welpenvermittlungsstelle wird von den meisten Mitgliedern stark überschätzt.

Wer sich jedoch aller Probleme bewusst und dennoch bereit ist, weder Kosten noch Mühe zu scheuen, der wird nach einem geglückten Wurf einige unvergessliche Wochen erleben: Zu beobachten, wie sich die winzigen, unscheinbaren Welpen in kurzer Zeit unmerklich zu kleinen Hundepersönlichkeiten entwickeln, wie sie jeden Tag wachsen und Neues lernen, vermittelt ein ungekanntes Glücksgefühl. Bis es jedoch dazu kommt, muss man zahlreiche Formalitäten erfüllen, sollen die Welpen ordnungsgemäße Papiere erhalten.

Jeder seriöse Zuchtverband hat eine **Zuchtordnung,** zu deren Einhaltung und Befolgung sich die angehörigen Züchter verpflichten.

Zuchtordnungen sind nicht dazu da, die Freiheiten der Züchter einzuschränken, sondern sie dienen dazu, das Zuchtniveau auf einen höchstmöglichen Stand zu bringen, negative Merkmale (insbesondere in Bezug auf den gesundheitlichen

Aspekt) auf ein Minimum zu begrenzen, und nicht zuletzt schützen sie die Belange der Zuchttiere, hier sind vorrangig Haltung, Unterbringung und Schutz vor Ausnutzung usw. zu benennen. Je strenger die Zuchtordnung, desto größer wird die Gewissheit für den Hundekäufer, dass er ein typisches, gesundes und bestmöglich aufgezogenes Tier erwirbt. Seit 2002 sieht die Gesetzgebung vor, dass der Züchter für seine Zuchtprodukte haftet. Das heisst, zeigen sich innerhalb der ersten beiden Lebensjahre des „Zuchtproduktes" genetisch bedingte Defekte, kann der Züchter zur Haftung herangezogen werden. Es liegt nun an ihm zu beweisen, dass er das Notwendige dazu getan hat, um den aufgetretenen Defekt zu vermeiden. Unwissenheit schützt nicht vor Haftung. Daher ist es für einen Züchter besonders wichtig, sich einem Zuchtverband anzuschließen, der Selektionsmaßnahmen für solche Erbkrankheiten vorschreibt.

Die wohl strengsten Zuchtbestimmungen in Deutschland sind derzeit beim Verband Deutscher Kleinhundezüchter e.V. (VDH/FCI) zu finden, der insbesondere bei den Zuchtzulassungen für die Zuchttiere höchste Ansprüche an die Züchter stellt. Nachfolgend nur in kurzen Auszügen die Grundforderungen:

– Hündinnen dürfen frühestens im Alter von 15 Monaten und längstens bis zur Vollendung des achten Lebensjahres zur Zucht verwendet werden. Rüden können ab Erlangung der Zuchtzulassung (frühestens mit 9 Monaten als Erstzulassung, ab 15 Monaten Dauerzulassung) unbegrenzt eingesetzt werden.
– Hündinnen dürfen nur einen Wurf im Kalenderjahr haben.
– Hündinnen, die mit zwei Schnittgeburten entbunden haben, sind von weiterer Zuchtverwendung ausgeschlossen.
– Die artgerechte Haltung und Aufzucht der Welpen wird durch Zuchtwarte überwacht. Bei Nichtbeachtung werden Zuchtsperren verhängt.

Bevor Hunde in die Zucht gelangen, müssen sie eine Zuchtzulassungsprüfung (ZZP) bestehen. Dazu werden sie von 2 Zuchtrichtern auf ihr rassetypisches Äußere und einwandfreie Charaktereigenschaften geprüft. Sie müssen frei von Kniescheibenluxationen sein, Hündinnen werden darüber hinaus nur zur Zucht freigegeben, wenn es aufgrund ihrer Größe und anatomischen Gegebenheiten möglich erscheint, dass sie ohne Schwierigkeiten austragen und werfen können. Das Protokoll der ZZP beschreibt das vorgestellte Tier in allen Einzelheiten, die Berichte werden mit ihren Ergebnissen jährlich zu einem Buch zusammengefasst, sodass sie von jedem Züchter eingesehen und für seine Zuchtplanung verwendet werden können. Hunde mit anatomischen Mängeln und sichtbaren Fehlern sind von der Zucht ausgeschlossen. Neben einer uneingeschränkten Zuchtzulassung gibt es noch die Möglichkeit der Begrenzung auf eine gewisse Anzahl von Würfen/Deckakten oder der Beschränkung auf vorgeschriebene Zuchtpartner. Eine Zuchtzulassung auf Lebenszeit kann von der Zuchtleitung jederzeit wieder entzogen werden, wenn sich bei Nachkommen Erbfehler zeigen.

Hunde mit uneingeschränkter Zuchtzulassung und drei „Vorzüglich"-Bewertungen auf Ausstellungen von mindestens zwei Richtern erhalten die Körung. Nachkommen von zwei gekörten Elterntieren gelten als „Körzucht", und die Wurfeintragung wird billiger.

An einer ZZP dürfen nur Hunde teilnehmen, die tätowiert und im Besitz einer FCI-anerkannten Ahnentafel oder Registrierbescheinigung sind. Letzteres sind Papiere von Hunden die nicht in FCI-anerkannten Verbänden gezüchtet wurden. Werden solche Hunde in ein VDH-Zuchtbuch übernommen, wird die Originalahnentafel einbehalten, und es wird eine Registrierbescheinigung erstellt, auf der die Ahnen des Hundes nicht aufgeführt werden. Registrierhunde können wie Hunde mit regulären Ahnentafeln nach bestandener ZZP zur Zucht eingesetzt und ausgestellt werden. Außer dem Titel „Internationaler Champion" (den die FCI für Registrierhunde nicht bestätigt), kann er jeden anderen Champion- und Tagestitel erringen. Das von Registrier-Hunden gewonnene CACIB geht stets auf den Reserve-CACIB-Hund über, sofern dieser eine normale Ahnentafel besitzt. Nachzuchten von Registrier-Hunden erhalten nach 3 Generationen wieder reguläre Ahnentafeln.

Nach bestandener Zuchttauglichkeit ist es für den angehenden Züchter an der Zeit, beim Zuchtbuchamt einen Zwingernamen schützen zu lassen. Dazu werden formlos zwei oder drei Namenswünsche angemeldet. Ist einer der Namen noch nicht vergeben, auch nicht in einer Form, die eine Verwechslung mit einem anderen Züchter ermöglicht, wird dieser Zwingername für den Antragsteller geschützt. Als Nachweis darüber erhält dieser eine Zwingerschutzkarte.

Der Deckrüde

Da sich der Deckrüde im Gegensatz zur Hündin, die maximal etwa sechs Würfe haben kann, eigentlich unbegrenzt vermehren kann, sollten an seine Qualitäten ganz besondere Ansprüche gestellt werden. Für einen Gelegenheitszüchter, der nur eine oder zwei Hündinnen besitzt, lohnt sich daher die Anschaffung eines teuren Qualitätsrüden nicht, zumal dieser ja schon bei der nächsten Generation, seinen Töchtern, nicht mehr eingesetzt werden kann. Die Haltung eines Rüden ist wohl erst ab vier Hündinnen und mehr zu empfehlen. Die laufenden Kosten, die bei seiner Haltung anfallen, übersteigen bei weitem den Betrag, den man ausgeben muss, um mit zwei oder drei Hündinnen jährlich zum Decken zu fahren. Die Deckgebühr liegt bei etwa 250 €, für besonders hoch bewertete Rüden auch schon einmal mehr. Deckrüdenbesitzer müssen für jeden Deckrüden ein eigenes Deckbuch führen, in dem Decktag, Hündin, resultierende Wurfstärken und Qualität des Nachwuchses festgehalten werden; nur so ist ein Überblick über die Nachkommenschaft zu erhalten.

Die Zuchthündin

Erste Voraussetzung für eine gute Zuchthündin sind einwandfreie körperliche und charakterliche Eigenschaften. Es wird zwar oft behauptet, dass eine nervöse Hündin nach einem Wurf ausgeglichener würde, dies ist jedoch nicht der Fall; wahrscheinlicher ist, dass sie ihre Wesensschwäche auf ihre Nachkommen überträgt und vererbt. Ebenso ist es ein Gerücht, dass jede Hündin in ihrem Leben mindestens einen Wurf haben sollte, um Gebärmutter- und Gesäugekrebs vorzubeugen. Abgesehen davon, dass Gebärmutterkrebs bei Hündinnen äußerst selten vorkommt, ist es erwiesen, dass Hündinnen, die geboren haben, genauso oft, bzw. selten daran erkranken wie andere (Chihuahuas scheinen im Übrigen sowieso nicht anfällig für Krebserkrankungen zu sein). Auch scheinträchtigkeitsanfällige Hündinnen werden nicht durch einen Wurf „geheilt". Scheinträchtigkeiten sind Störungen im Hormonhaushalt, Hündinnen mit dieser Veranlagung sollten auf keinen Fall in die Zucht! Das ideale Gewicht für eine Zuchthündin liegt bei etwa 2,5 Kilo. Kleinere

Hündinnen sollten nur von erfahrenen Züchtern für die Zucht verwendet werden, und auch nur dann, wenn sie von der Abstammung und Qualität her für die Zucht unentbehrlich sind.

Wer sich eine Zuchthündin zulegen möchte, ist gut beraten, sich für eine ganz oder fast ausgewachsene Hündin zu entscheiden anstatt für einen Welpen. Es passiert immer wieder – auch erfahrenen Züchtern –, dass sich ein Welpe so unvorteilhaft auswächst, dass er für Zuchtzwecke unbrauchbar wird.

Oft hört man, eine Hündin sei zwar nicht für Ausstellungen geeignet, für die Zucht sei sie aber gut genug. Dazu möchte ich folgendes bemerken: Eine Hündin, die keine ausreichenden Qualitäten für Ausstellungen mitbringt, möchte ich erst recht nicht in der Zucht einsetzen.

Wenn man die Wahl zwischen zwei gleichwertigen Hündinnen hat, sollte man sich für die entscheiden, die aus dem größeren Wurf stammt, denn die Veranlagung für Fruchtbarkeit ist vererblich. Es gibt Linien, deren Hündinnen über Generationen hinweg große, gesunde Würfe bringen. Bei anderen wiederum sind Kaiserschnitte fast die Regel. Mit solchen Linien sollte der verantwortungsbewusste Züchter die Zucht besser einstellen.

Eine Hündin kann laut Zuchtordnung ab dem vollendeten 15. Monat gedeckt werden, Zuchttauglichkeit vorausgesetzt. In diesem Alter sind viele Hündinnen jedoch noch so unfertig, dass man wenigstens noch eine Hitze abwarten sollte. Normalerweise wird die Hündin um den achten bis zehnten Monat das erste Mal läufig, danach regelmäßig im Abstand von etwa fünf bis sieben Monaten. Der Ablauf der Hitze ist von Hündin zu Hündin sehr verschieden. Die Läufigkeit beginnt meist damit, dass die Scheide deutlich größer und dicker wird. Nach wenigen Tagen bekommt die Hündin einen roten Ausfluss, der zuerst immer dunkler und dann wieder heller wird. Mit dem Hellerwerden schwillt die Scheide wieder ab und wird schlaffer. Mit einem weißen Tuch sollte man jetzt ein- bis zweimal täglich den Ausfluss auf seine Farbe untersuchen; sobald er hellrosa ist, sollte man die Hündin unverzüglich decken lassen.

Die Deckbereitschaft wird auch dadurch deutlich, dass sich die Hündin sichtlich „anbietet", auch bei Streichen mit dem Finger gegen den Haarstrich von der Rutenwurzel über den Rücken verzieht die Hündin die Rute deutlich sichtbar, auch die Rückenhaut zieht sich dabei zusammen.

Manche Hündinnen neigen zu sog. „trockenen" Hitzen, d.h., es ist kein oder kaum Ausfluss festzustellen, nur die Scheide wird dicker. Auch bei solchen Läufigkeiten kann die Hündin mit Erfolg gedeckt werden, nur ist der richtige Decktag dann schwerer zu bestimmen. Bei den meisten Hündinnen fällt dieser etwa auf den 10. bis 14. Tag der Läufigkeit, in Ausnahmefällen wollen Hündinnen jedoch schon ab dem 6. oder erst nach dem 20. Tag gedeckt werden!

Wer keinen eigenen Deckrüden besitzt, sollte sich sofort zu Beginn der Hitze mit dem Besitzer des auserwählten Deckrüden in Verbindung setzen, damit dieser sich darauf einrichten kann. Selbstverständlich muss die Hündin zur Zeit des Belegens in allerbester Verfassung, d. h. weder zu dick noch zu dünn sein, noch darf sie irgendwelche Anzeichen von Krankheit aufweisen.

Der Deckakt

Im Allgemeinen ist es üblich, dass die Hündin zum Deckrüden geführt wird. Bevor der Rüdenbesitzer seinen Rüden zur Hündin lässt, muss er sich anhand der Ahnentafel versichern, dass die Hündin belegt werden darf, d.h., ob sie die Zuchttauglichkeit hat, sich innerhalb des geforderten Mindest- oder Höchstzuchtalters befindet und keine Zuchtsperre hat.

Die Hündin sollte vor dem Deckakt ausgiebig Gassi gehen. Hündin und Rüde werden sich, nachdem man sie zusammengelassen hat, erst einmal ausgiebig beschnüffeln, und danach meist miteinander spielen; dabei bietet sich die Hündin dem Rüden eindeutig an und fordert ihn zum Decken auf. Will der Rüde jedoch aufsteigen, überlegt sie es sich meistens anders; es passiert nicht selten, dass sie sogar ausgesprochen böse wird und versucht, den Rüden zu beißen. Ich bin nicht dafür, dass der Deckakt vollzogen wird, wenn sich beide Hunde frei bewegen. Wenn man das Gefühl hat, dass der Zeitpunkt gekommen ist, wo beide für eine Verpaarung bereit sind, sollte die Hündin vorne festgehalten werden. Es ist manchmal nicht vorauszusehen, wie eine Hündin reagiert, und so muss immer gewährleistet sein, dass man sofort eingreifen kann. Während des Deckaktes vergrößern sich innerhalb der Scheide die Schwellkörper am Penis des Rüden, mit der Scheidenmuskulatur hält die Hündin den Rüden dabei fest. Es kommt zum sogenannten „Hängen". Dieses kann zwischen fünf Minuten und einer Stunde und mehr dauern, normalerweise jedoch etwa zehn bis zwanzig Minuten – meist wird der Rüde nach einigen Minuten versuchen, sich umzudrehen, sodass die Hunde dann Hinterteil an Hinterteil stehen. Jetzt sollte man aufpassen, dass keiner der Hunde „die Flucht ergreift", denn der Rüde könnte sich sonst ernstlich verletzen. Kommt es nicht zum „Hängen", so muss dies keinen Misserfolg des Deckaktes bedeuten. Wir haben in den letzten Jahren die Erfahrung gemacht, dass fast jede dritte Hündin diesen Reflex nicht mehr zeigt, in diesem Fall muss man die beiden Hunde für die Dauer des Deckaktes fest zusammenhalten.

Nach dem Deckakt zahlt der Hündinnenbesitzer die vereinbarte Deckgebühr und erhält vom Rüdenbesitzer die Deckbescheinigung. Es ist üblich, dass der Hündinnenbesitzer nach ein bis drei Tagen zum Nachdecken kommt. Sollte sich herausstellen, dass die Hündin nicht aufgenommen hat, so steht dem Besitzer ein weiterer, kostenloser Deckakt bei der nächsten Hitze mit derselben Hündin und demselben Rüden zu.

Statistisch bleibt etwa ein Drittel aller Deckakte „leer". Nur in den seltensten Fällen ist der Deckrüde daran schuld. Es ist natürlich anzuraten, dass man einen Rüden benutzt, der bereits Deckerfahrung und Nachkommen hat. Bei den meisten wurflosen Deckakten (gewöhnlich wurde der falsche Decktag gewählt, und unerfahrene Rüden decken auch schon einmal dann, wenn es noch zu früh oder bereits zu spät ist) hat eine Befruchtung wohl stattgefunden, aber aus den verschiedensten Gründen ist danach eine Einnistung der befruchteten Eizellen nicht erfolgt, oder eine begonnene Trächtigkeit wurde nicht fortgesetzt. Da der Organismus der Hündin in der Lage ist, die Feten bis zu einem Alter von etwa 4 Wochen nach außen unsichtbar wieder aufzulösen (resorbieren), bemerkt der Hündinnenbesitzer diesen Vorgang meist nicht (schuld daran können hormonelle Fehlleistungen der Hündin oder Infektionen sein), und es wird dann fälschlicherweise angenommen, dass keine Befruchtung stattgefunden hat.

Die Trächtigkeit

Die Tragezeit einer Hündin liegt zwischen 57 und 64 Tagen, ganz selten weniger (die Welpen sind vor dem 56. Tag in der Regel nicht lebens- oder überlebensfähig). In den ersten drei bis vier Wochen sieht man der Hündin eine Trächtigkeit noch nicht an.

Häufig verändert sie sich jedoch auffallend im Wesen, es kommt auch oft vor, dass sie erbricht oder Appetit auf die seltsamsten Dinge zeigt. Ab der vierten bis fünften Woche wird sie langsam ausgefüllt in den Lenden, die Zitzen werden größer und rosafarbener, und sie hat einen leichten, glasigen Ausfluss. Zur Sicherheit sollte die Hündin jetzt noch einmal entwurmt werden.

Die Feten sind zwischen dem 21. und 27. Tag von außen palpierbar, bei kleineren Hündinnen ist es für den Besitzer meist beruhigender, wenn er möglichst früh weiß, dass nicht nur ein Welpe zu erwarten ist. Die Untersuchung ist genauso sicher wie ein teures Ultraschallbild, wenn sie von einer Person mit Erfahrung durchgeführt wird.

Spätestens dann, wenn man positiv weiß, dass die Hündin tragend ist, sollte man sich daranmachen, eine Wurfkiste zu bauen oder zu beschaffen. Dazu eignen sich stabile Holzkisten, die dick lackiert und somit wasserfest und leicht sauberzuhalten sind. Wir benutzen derzeit Plastikkisten, wie sie fertig und billig in jedem Baumarkt erhältlich sind. Die Kiste sollte gerade so groß sein, dass die Hündin die Möglichkeit hat, den Welpen etwas auszuweichen, und so klein, dass sich die Welpen nicht darin verlieren oder zu weit von der Mutter entfernen können. Als Faustregel rechnet man in etwa in der Breite die ausgestreckte Länge der Hündin, für die Länge das Doppelte. Höhe etwa 20 cm.

Mit fortschreitender Trächtigkeit wird die Hündin zusehends rundlicher. Sie wird jetzt auch bequemer, schläft viel, ist nicht mehr allzu begeistert von langen Spaziergängen und entwickelt meist einen enormen Appetit. Das Futter sollte in dieser Zeit nicht krass umgestellt werden; vielleicht etwas mehr Obst, Gemüse und Fleisch als sonst, dafür weniger Kohlenhydrate. Zusätzliche Vitamine, Kalziumpräparate oder „Kraftfutter" sollte man tunlichst nicht reichen, jeder Überschuss wird in die Welpen „investiert", d.h., sie werden übermäßig groß und massig, was die Geburt unnötig erschwert.

Spaziergänge können getrost beibehalten werden, auch bei der hochtragenden Hündin; allerdings sollten sie jetzt nicht zu lange und zu anstrengend sein, dafür öfter; sie sind wichtig für die Muskulatur und den Kreislauf.

Etwa ein bis zwei Wochen vor der Geburt bilden sich die Milchleisten aus, und man kann die Bewegungen der Welpen durch die Bauchdecke fühlen und sehen. Bei manchen Hündinnen ist die Milch bereits eine Woche vor der Geburt da, bei einigen schießt sie erst während oder kurz nach der Geburt ein.

Wenn Sie noch keine große Erfahrung mit Züchten haben oder wenn es sich um den ersten Wurf einer Hündin handelt, ist es ratsam, um den 55. Tag der Trächtigkeit beim Tierarzt ein Röntgenbild machen zu lassen. So können Sie die Mindestzahl der Welpen und deren Größe erkennen und sich ggf. auf Schwierigkeiten einstellen; es kann z.B. sein, dass die Welpen eindeutig zu groß für das Becken sind, was meist nur bei Einzelwelpen der Fall ist. Auf dem Röntgenbild lässt sich das gut erkennen, und entsprechend kann man Hündin und Welpe unnötigen Geburtsstress ersparen.

Kurz vor der Geburt senkt sich die Gebärmutter, und die Hündin fällt in den Lenden deutlich ein. Häufig verweigern Hündinnen ein bis zwei Tage vor dem Werfen jegliche Nahrung und setzen vermehrt Kot ab. Ich gebe den Hündinnen dann meist noch eine gute Messerspitze Schlämmkreide oder eine halbe Ampulle Kalzium-Frubiase, um einem Abfallen des Kalziumspiegels vorzubeugen.

Die Geburt

Erstes Anzeichen der nahenden Geburt ist eine große Unruhe der Hündin. Sie läuft suchend umher, will sich verstecken, kratzt und hechelt. Keinesfalls sollte die Geburt ein Ereignis werden, bei dem die ganze Familie, womöglich noch kleine Kinder oder fremde Leute um die Hündin versammelt sind. Am besten bringt man die Hündin mit ihrer Wurfkiste, an die sie sich in den letzten Wochen gewöhnt hat, in ein ruhiges Zimmer, wo sie nicht gestört wird; sie sollte nur von Personen umgeben sein, die sie kennt und zu denen sie ein inniges Verhältnis hat.

Die Geburt kann zwischen 2 und 24 Stunden dauern. Unmittelbar bevor der erste Welpe geboren wird, hat die Hündin starke Presswehen, die in immer kürzeren Abständen aufeinanderfolgen. Fruchtwasser kann oft schon Stunden vorher abgehen, wenn noch keine Presswehen vorhanden sind. Jeder Welpe wird – Kopf oder Hinterende voran – in einer Fruchthülle geboren, die mit einer grünlichen bis farblosen Flüssigkeit gefüllt ist. Häufig ist die Fruchthülle schon aufgerissen, und der Welpe wird ohne sie geboren. Ist die Fruchthülle noch intakt und reißt die Hündin sie auch nicht auf, wie es normal wäre, müssen Sie das tun; am besten in Kopfnähe, damit der Welpe gleich atmen kann, das Schnäuzchen wird mit einem Papiertuch gesäubert. Danach kann man ruhig abwarten, bis der Welpe mit der

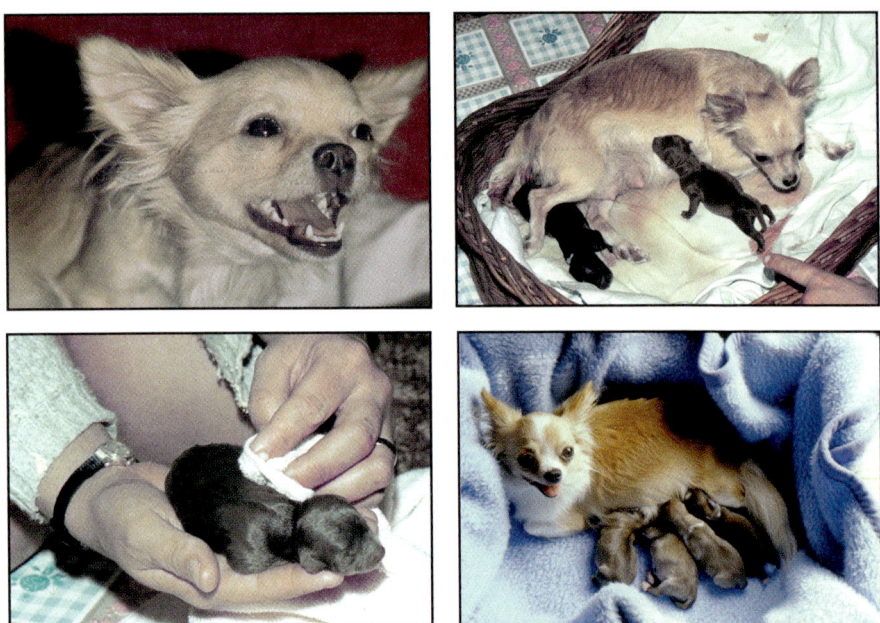

1 - Anzeichen der nahenden Geburt: das Hecheln
2 - ein Welpe erscheint
3 - das Trockenreiben
4 - die Welpen suchen die Milchquelle

nächsten Wehe vollends ausgestoßen wird.

Hinterend (Steiß)lagen sind manchmal etwas heikler. Die Fruchtblase ist spätestens dann zu öffnen, wenn Hinterbeine und Schwänzchen ausgetreten sind (durch Kälteschock beim Austreten des Hinterteils beginnt der Welpe manchmal reflexartig zu atmen, es wäre fatal, wenn er dabei Fruchtwasser erwischt). Solange der Welpe sich nicht oder fast nicht bewegt, kann man ruhig noch eine Wehe abwarten. Bei zu schwacher Wehentätigkeit oder wenn der Welpe plötzlich sehr lebhaft strampelt (ein Zeichen dafür, dass er in Sauerstoffnot kommt), muss man nachhelfen, indem man den Welpen beherzt an den Hinterbeinen greift und behutsam, aber gleichmäßig zieht. Zugrichtung immer so, dass das Rückgrat des Welpen bäuchlings gebogen ist. Bei Welpen mit normaler Geburtslage ist das in Richtung zum Bauch der Mutter. Damit einem die Füßchen nicht entgleiten, nimmt man ein Tuch dazu. Ist der Welpe auf diese Weise bis zur Hälfte des Rückens herausgezogen, hält man ihn dann an einer Rückenhautfalte, später an der Nackenhaut, und zieht ihn vollends heraus. Niemals (!) darf man einen Welpen um die Brust fassen und so an ihm ziehen, dabei würde man ihm das Rückgrat überdehnen, er wird dann ersticken! Der Kopf ist der schwierigste Teil bei der Geburt, das Ziehen an der Nackenhaut verhindert die Bildung eines Hautringes um den Kopf, der diesen noch schwerer passieren lassen würde.

Selten wird ein Welpe gleich zusammen mit der Nachgeburt geboren. Meistens kommt zunächst nur der Welpe heraus, der an der gestrafften Nabelschnur hängt. Die Nabelschnur quetscht man mit dem Daumennagel und dem Zeigefinger etwa nach einer Länge von 2 cm ab. Meist blutet sie dann nur wenig nach, und es wird nicht notwendig sein, sie abzubinden (Nähseide). Wir geben einige Tropfen „Lotagen-Tinktur" auf den Nabelstumpf, das desinfiziert, und jegliche Blutung hört sofort auf. Die Hündin zeigt so auch keinerlei Verlangen mehr, weiter an der Nabelschnur herumzukauen. Der Welpe wird dann kräftig abgerubbelt (das bringt Atmung und Kreislauf in Gang), bis er anfängt, laut zu schreien, danach wird er zur Mutter gelegt, die ihn weiter versorgt.

Mutter mit Welpen

Bei Verdacht auf Fruchtwasser oder Schleimresten in den Atemwegen muss man versuchen, diese herauszuschütteln: Dazu nimmt man den Welpen in die Hand, das Köpfchen vom Zeigefinger gestützt, von Daumen und Mittelfinger gut festgehalten. Dann schwingt man den Welpen mehrmals in großem Bogen kräftig in Richtung Decke und Fußboden durch. Meist beginnt er dann, protestierend zu schreien, was dazu beiträgt, die Atemwege freizumachen.

In der Zwischenzeit sollte mit einer Wehe die Nachgeburt herausgekommen sein. Die Hündin ist meist gierig darauf bedacht, jede Nachgeburt zu fressen; sie enthält wertvolle Stoffe, die sie dringend, nicht zuletzt zur Milchbildung braucht. Da die Hündin allerdings häufig mit starkem Durchfall reagiert, lasse ich unseren nur eine, im Höchstfall zwei Nachgeburten, die übrigen nehme ich weg.

Bei Einsetzen der nächsten Wehen nehme ich die bereits geborenen Welpen aus der Wurfkiste heraus, damit sie von der Hündin nicht erdrückt werden können, und lege sie in Sichtweite der Hündin auf ein Heizkissen. Die Welpen werden meist im Abstand von einer halben bis zwei Stunden geboren. Die Wurfstärke bei Chihuahuas liegt in der Regel zwischen einem und drei bis vier Welpen, seltener darüber. Es gibt Hündinnen, die ganz alleine werfen, die Welpen abnabeln und versorgen. Man sollte jedoch keine Verzögerungen riskieren, bis der Welpe geatmet hat. Daher ist es besser, den/die Welpen soweit selbst zu versorgen.

Komplikationen während der Geburt sind nicht selten, es würde hier allerdings zu weit führen, alle Eventualitäten aufzuzählen. Jede Geburt verläuft anders, und auch nach fast 30 Jahren, während denen ich züchte, erlebe ich sehr oft noch Überraschungen und lerne dazu. Durch konsequente Selektion konnte die Kaiserschnittrate drastisch reduziert werden. Heute stellt jedoch eine Schnittgeburt, ausgeführt von einem erfahrenen Kleintierarzt, kein allzu großes Risiko mehr dar; durch verfeinerte Narkosetechnik und -mittel hat sie ihren Schrecken verloren. Nachstehende Anzeichen deuten auf eine erschwerte Geburt hin; bei deren Auftreten sollten vor allem Unerfahrene einen Tierarzt zu Rate ziehen:

– Dickflüssiger, dunkelgrüner Ausfluss vor oder während der Geburt. (Deutet auf einen oder mehrere tote Welpen hin.)
– Aussetzen der Wehen über mehrere Stunden, obwohl noch ungeborene Welpen vorhanden sind. (Wehenschwäche, hier kann der Tierarzt die Wehen

Mutter mit Nachwuchs

mit einer Spritze wieder in Gang bringen.)
– Ein bis zwei Stunden starke Preßwehen, ohne dass ein Welpe geboren wird. (Vermutlich ein zu großer oder falsch liegender Welpe. Wenn die Lage des Welpen nicht korrigiert werden kann, ist in diesem Fall wohl ein Kaiserschnitt notwendig.)
– Krämpfe oder Kollaps während der Geburt. (Unverzüglich Tierarzt aufsuchen, da für die Hündin Lebensgefahr besteht. Wenn zur Hand, vor Abfahrt Kreislauftropfen geben.)
– Zurückgebliebene Nachgeburten. (Da diese hohes Fieber, Vergiftungen oder gar den Tod der Hündin verursachen können, wird der Tierarzt versuchen, sie mittels einer Wehenspritze herauszubekommen.)

Es ist dringend anzuraten, bei jeder Geburt ein Protokoll über Einsetzen, Dauer und Stärke der Wehen, Geburtszeit der einzelnen Welpen etc. zu führen, denn so kann sich der Tierarzt, falls man ihn benötigt, ein Bild über den Verlauf der Geburt machen. Diese Niederschrift hilft dem Tierarzt mehr als die unpräzisen Aussagen eines nervösen Hündinnenbesitzers.

Nachsorge und Aufzucht der Welpen

Nach der Geburt des letzten Welpen führt man die Hündin zum Lösen. In der Zwischenzeit sollte eine zweite Person die Wurfkiste saubermachen und die Unterlage auswechseln. Bevor man die Mutter wieder zu den Kindern lässt, wird sie mit lauwarmem Wasser und einer milden Seifenlösung hinten etwas abgewaschen und geföhnt. Jetzt kann man ihr etwas Nahrhaftes und Leichtverdauliches zu essen anbieten, zu trinken bekommt sie Milchkaffee mit Traubenzucker.

Die Hündin braucht jetzt Ruhe; beobachten Sie aus der Ferne, ob sie die Welpen gründlich versorgt. Dazu gehört vor allem eine Massage der Welpen durch intensives Ablecken: Ohne diesen Reiz sind sie nicht in der Lage, sich zu lösen, und sie würden durch innere Vergiftungen daran eingehen. Vor allem bei jungen, erstgebärenden Hündinnen kann es vorkommen, dass man den Instinkt auslösen muss, indem man bei einem Welpen mit einem in Öl getauchten Wattestäbchen mit leichtem Druck über die Genitalgegend rollt. Der Erfolg wird sich schnell einstellen. Wenn Sie jetzt den Welpen der Hündin hinhalten, wird sie instinktiv das Würstchen aufnehmen und den Welpen belecken. Danach wird sie auch bei den restlichen Welpen von selbst so verfahren. Übrigens darf man die Hündin nicht am Fressen des Welpenkots hindern, es sind darin Stoffe enthalten, die sie in der Säugezeit dringend braucht; u.a. wird damit die Milchproduktion angeregt.

In den ersten Stunden und Tagen nach der Geburt sondert die Hündin Kolostralmilch ab; sie ist etwas gelblicher als die spätere normale Milch. Sie enthält wertvolle Abwehrstoffe für die Welpen, außerdem hat sie eine leicht abführende Wirkung, die den Darm von den letzten Spuren des ersten, zähen Kotes, dem Kindspech, reinigen soll. Welpen sollten unbedingt etwas von dieser Milch bekommen, selbst, wenn man sie von der Mutter wegnehmen muss (z.B. wenn sich die Mutter weigert, die Welpen anzunehmen, oder wenn die Wurfstärke so groß ist, dass sie nicht alle von der Mutter aufgezogen werden können).

Das durchschnittliche Geburtsgewicht eines Chihuahua-Welpen liegt zwischen 80 und 150 g. Es gibt auch leichtere Welpen, unter 60 g haben sie in der Regel wenig Überlebenschancen. In Ausnahmefällen gibt es auch regelrechte Schwergewichte von bis zu 250 g!

Ein gesunder Welpe liegt ruhig in der Kiste und schreit nur, wenn er die Mutter vermisst. Seine Haut ist rosig und gut durchblutet und am ganzen Körper außer dem Bauch mit Haar bedeckt. Er fühlt sich warm und fest an. Wenn man ihn von der Mutter entfernt, krabbelt er sofort suchend im Kreis herum; kaum hat er die Mutter wieder gefunden, hört er auf zu wimmern und kuschelt sich an sie oder beginnt zu trinken. Immer wieder, vor allem in großen Würfen, kommt es vor, dass lebensschwache Welpen dabei sind. Sie erkennen diese daran, dass sie meist reglos auf der Seite liegen, Kopf und Beinchen sind unvollkommen behaart. Die Haut sieht eher grau-bläulich aus und fühlt sich immer kühl an. Wenn man sie hochnimmt, erscheinen sie auffallend leicht und schlaff. Ein Sauginstinkt ist meist nicht vorhanden. Diese Todeskandidaten dämmern vor sich hin, geben ab und zu langgezogene Fieptöne von sich und schlafen gewöhnlich spätestens am dritten Tag ein. Die Welpen selbst merken wahrscheinlich nicht sehr viel davon, aber es ist wohl doch humaner, sie gleich einzuschläfern. Es ist nichts dagegen einzuwenden, anfänglich schwache Welpen etwas zu „päppeln", aber spätestens nach fünf Tagen und nach und nach abnehmender Hilfestellung sollte der Welpe in der Lage sein, sich selbst am Leben zu erhalten. Besonders verdächtig ist es, wenn sich die Hündin hartnäckig weigert, ein Junges dieser Art zu versorgen, oder wenn sie gar versucht, es beiseite zu schieben. Sie hat ein scharfes Gespür dafür, wenn mit einem Welpen etwas nicht in Ordnung ist, und man sollte nicht versuchen, den Kleinen um jeden Preis am Leben zu erhalten. Als Züchter hat man die selbstverständliche Pflicht, alles, was nicht wirklich lebensfähig ist, auszulesen, auch wenn es manchmal schwerfällt. Anfangs haben auch wir Tag und Nacht mit der Aufzucht solcher Kümmerlinge verbracht, manchmal auch unter Benachteiligung der gesunden Welpen. Davor kann man nicht eindringlich genug warnen!

Anders ist es bei Welpen, die während der ersten Tage nach der Geburt kräftig und gesund erscheinen, und dann plötzlich aufhören zu trinken. Hier liegt eine Infektion vor. Die Welpen werden quasi „steril" geboren, das Immunsystem fängt erst nach der Geburt an, sich langsam aufzubauen. Die Darmwand ist in den ersten Tagen so beschaffen, dass sie die Abwehrstoffe (Immunglobuline) aus der Kolostralmilch passieren lässt. Bei manchen Welpen klappt das nicht, und so sind sie anfangs schutzlos allen Erregern ausgesetzt. Wenn eine Infektion virusbedingt ist, helfen keine Medikamente, Viren kann man nach unserem heutigen

medizinischen Stand noch nicht direkt bekämpfen. Man kann versuchen, mit einem Paramunitäts-Inducer das Immunsystem zu aktivieren und zur selbstständigen Bildung von Abwehrstoffen anzuregen. Die meistverwendeten Mittel sind derzeit BAYPAMUN oder DUPHAMUN, beides wird in einer Dosierung von etwa 0,3 bis 0,5 ml drei bis fünfmal im Abstand von ca. 24 Stunden subkutan gespritzt. Bei bakteriellen Infektionen haben wir hervorragende Erfolge mit BAYTRIL erreicht. Leider zeigen sich Tierärzte noch sehr zurückhaltend in der Verordnung dieses Medikamentes bei Welpen, da es nur für Kälber zugelassen ist. Der Beipackzettel liest sich auch in Bezug auf die Nebenwirkungen sehr entmutigend. Wir haben schon sehr vielen Welpen (eigenen und fremden) mit diesem Mittel das Leben gerettet. BAYTRIL Oral 2,5 %, ist eine ölige Flüssigkeit. Dosierung wie folgt: Fingerkuppe des kleinen Fingers in die Flüssigkeit eintauchen, abtropfen lassen, und die an der Fingerspitze verbleibende Menge in die Mundschleimhaut des Welpen einreiben. Zweimalige Wiederholung im Abstand von 24 Stunden. Bei solcher Verabreichung hatten wir bei keinem einzigen behandelten Welpen irgendwelche Unverträglichkeiten oder Folgeschäden beobachten können. Die Wirkung ist so phantastisch, dass man jedesmal wieder staunend vor diesem Wunder steht: Innerhalb weniger Stunden (6-10) ist der Welpe wieder topfit und trinkt selbstständig. Rückfälle hatten wir nach dreimaliger Gabe ebenfalls noch nie. Unser erstes Testbaby war ein kleiner Rüdenwelpe, der nach 3 Tagen aufhörte zu trinken, einen Tag habe ich ihn dann mit der Magensonde künstlich ernährt, aber der Welpe baute ab, die Milch wurde nicht mehr verdaut und der Bauch blähte sich unförmig auf, und er hatte sich schon zum Einschlafen apathisch auf die Seite gelegt. Als ich meinen Tierarzt um seine Meinung zum Einsatz des Mittels fragte, sagte er nur: „BAYTRIL – bei einem Welpen! Oh, oh!" Aber in diesem Stadium konnte ich eigentlich nichts mehr falsch machen. Gegen 23 Uhr verabreichte ich ihm seine erste Dosis, um 5 Uhr morgens glaubte ich, meinen Augen nicht zu trauen: Der Welpe, nach dem ich die ganze Zeit über nicht mehr geschaut hatte, hing an der Zitze und trank. Ich gab ihm das Medikament noch zweimal. Er entwickelte sich völlig normal und ist heute ein gesunder, robuster vierzehnjähriger Chihuahua, der seinem Besitzer noch keine Minute Sorge bereitet hat. Er war der erste von vielen, die diese Chance erhielten und sie nutzen konnten.
Ich räume dieser Behandlung absichtlich soviel Platz ein, weil ich, nicht zuletzt

aufgrund meines Amtes als Zuchtbuchführerin/Zuchtleiterin immer wieder die Erfahrung machen muss, dass sehr viele Welpen sterben, die überleben könnten. Tierärzte stehen kranken, neugeborenen Zwerghundewelpen meist hilflos gegenüber, Aufbauspritzen und die üblichen, zum Einsatz gebrachten Medikamente helfen selten oder nicht.

Es gibt leider Umstände, die eine Handaufzucht aller oder einzelner Welpen notwendig machen. Sowohl zum Übergangsmäßigen Zufüttern als auch bei kompletter Flaschenaufzucht verwende ich mit besten Ergebnissen 10-prozentige Kaffeesahne. Ich bin damit erfolgreicher als mit jeder anderen, im Handel erhältlichen Welpenersatzmilch, die ich ausprobiert habe. Die Welpen trinken sie sehr gerne, es gibt kein Anrühren, keine Klümpchen und keine verstopften Gummisauger mehr. Es müssen allerdings Multivitamintropfen (Dosierung abhängig vom Präparat) und zweimal wöchentlich eine Prise Schlämmkreide beigefügt werden. Am ersten Tag erhält der Welpe halbstündlich bis stündlich 0,5 ml. Fütterungen richten sich nie nach der Uhr, sondern immer nach dem Welpen. Wenn er unruhig wird, hat er Hunger. Einen schlafenden Welpen sollte man in Ruhe lassen. Ab dem zweiten bis vierten Tag wird etwa alle 2 Stunden rund um die Uhr gefüttert. Die Welpen erhalten jeweils so viel, bis sie von selbst aufhören zu trinken und nach einer kleinen Pause von etwa einer Minute nicht noch mehr wollen. Wenn die Welpen gut zugenommen haben und vital sind, erhalten sie danach tagsüber alle 3 Stunden und nachts noch eine Mahlzeit. Nach einer Woche schlafen sie nachts 6–7 Stunden ohne Weiteres durch.

Als Sauger verwende ich Gumminippel, von Puppen- oder Liebesperlenfläschchen, allerdings nicht die dünnen roten, sondern die in der Form von Menschenbaby-Flaschensaugern. Sie werden mit einer heißen Stopfnadel perforiert (nur 1 Loch) und auf eine 2- oder 5-ml-Injektions-Plastikspritze aufgezogen, je nach Größe. Der Kolben wird während des Trinkens ganz langsam nachgedrückt, so wie der Welpe die Milch saugt. Kräftige Welpen brauchen das nicht, sie sollen sich durchaus etwas anstrengen müssen.

Das Füttern mit der Magensonde geht zwar schneller und einfacher, aber es sollte nur erfahrenen Züchtern vorbehalten sein, die in der Zumessung der Futtermengen bei Welpen Bescheid wissen.

Nach der Geburt hat die Hündin noch etwa eine gute Woche dicken, dunklen

Ausfluss, der schließlich schwächer wird und aufhört. Nach der siebten Woche kann es erneut zu Ausfluss kommen, der dann etwas länger anhalten kann, aber keinen Anlass zu Sorge gibt. Der Ausfluss darf allerdings nie übelriechend oder eitrig sein, dann liegt eine behandlungsbedürftige Infektion vor.

Während der Säugeperiode bekommt die Hündin besonders nahrhaftes, eiweiß- und etwas fettreicheres Futter, das ihr den ganzen Tag zu Verfügung steht, sodass sie sich immer, wenn ihr danach ist, bedienen kann. Bei den meisten Chihuahuamüttern muss man das Futter allerdings direkt in die Wurfkiste stellen, die sie freiwillig nicht verlassen würden, auch nicht zum Fressen und Trinken.

Um einer Eklampsie (=lebensbedrohlicher Abfall des Kalziumspiegels) vorzubeugen, sollte man der Hündin ab den letzten Tagen vor der Geburt bis zum Absetzen der Welpen ein Kalziumpräparat verabreichen. Eklampsie, die meist ab der zweiten Woche nach dem Werfen, in Ausnahmefällen jedoch schon früher, im Extremfall bereits vor der Geburt auftreten kann, äußert sich dadurch, dass die Hündin plötzlich unruhig wird und Fieber bekommt. Es folgt ein Muskelzittern, das sich bis zu Krämpfen verstärkt und durch Herzversagen zum Tod führt, wenn man der Hündin nicht rasch Kalzium spritzt. Bei normaler, abwechslungsreicher Fütterung kann eine Eklampsie kaum aus Mangelgründen auftreten. Eklampsie-Hündinnen haben ein stoffwechselbedingtes Problem bei der Verwertung des im Futter enthaltenen Calciums. Bei ihnen verhindert dann auch die orale Kalziumverabreichung die Anfälle nicht, es muss direkt gespritzt werden. Eklampsie-Hündinnen sollten nicht weiter in der Zucht verwendet werden.

Normalerweise verdoppelt der Welpe in der ersten Woche sein Geburtsgewicht. Solange er jedoch trinkt und sich sichtlich wohl fühlt, ist es nicht beunruhigend, wenn er etwas weniger zunimmt.

Die Nabelschnur trocknet aus und fällt nach etwa zwei Tagen ab. Ab etwa dem zehnten Tag beginnt der Welpe, die Augen zu öffnen, aber er kann noch nicht deutlich sehen. Man sollte stets die Nägel kontrollieren, denn sie können schnell recht lang werden und das Gesäuge verletzen.

Sie müssen regelmäßig gekürzt werden. Nach 3 Wochen kann man die erste Wurmkur vornehmen, die im Abstand von 14 Tagen noch zweimal wiederholt wird, danach vierteljährlich.

Mit etwa drei Wochen versucht der Welpe erstmals, sich auf seine Beinchen zu stellen. Anfangs ist er noch recht wacklig, aber schon nach einer weiteren Woche werden kleine „Ausflüge" in der Wurfkiste gemacht.

Die Welpen sollten nun bald in einen geräumigeren Auslauf oder in eine abgeteilte Ecke des Wohnzimmers umquartiert werden. Das neue Zuhause sollte jetzt mindestens 100 x 60 cm groß und etwa 40 cm hoch sein. Für den Ein- und Ausstieg der Hündin wird eine Klappe angebracht. In diesem Auslauf befindet sich jetzt auch ein Schlafplatz, der am besten etwas erhöht oder abgeteilt sein sollte und mit waschbarem Webpelz ausgelegt ist, sowie ein Spiel- und Futterplatz und eine mit Zeitungen ausgelegte Pipi-Ecke.

Mit etwa vier Wochen beginnen die Zähne zu wachsen. Um das Durchbrechen der Milchzähne zu erleichtern, kann man entsprechendes Kauspielzeug anbieten. Jetzt sollte man anfangen, die Kleinen beizufüttern, denn wenn nach etwa zwei bis drei weiteren Wochen die Zähnchen ganz draußen sind, wird sich die Hündin das Saugen kaum mehr gefallen lassen.

In der ersten Zeit der Umstellung gibt es für die Welpen lauwarme Kaffeesahne, etwas angedickt mit Kinderbrei. Nach einigen Tagen kann man Gries mit Fleisch und Gemüse anbieten. Babykost für Menschen ist natürlich sehr empfehlenswert, aber auf Dauer nicht gerade billig. Solange die Welpen noch sehr klein sind (bis zu 6 Wochen), wird das Futter wieder herausgenommen, wenn die Welpen gefressen haben. Nassfutter verdirbt sehr schnell und kann dann Durchfälle verursachen, außerdem sind die Kleinen so tolpatschig, dass sie ständig durch die Futterschale laufen. Auslauf und Welpen sehen dann natürlich entsprechend aus. Ab 6 Wochen kann dann ein Schüsselchen mit Welpentrockenfutter ständig verfügbar sein, ein stabiler Wassernapf, der nicht umgestoßen werden kann (am besten Steingut), garantiert immer Wasser.

Anstelle von Spielzeug gibt es zwischendurch immer größere Obststücke oder Blattsalat, die begeistert niedergemacht werden. Futterneid sorgt dafür, dass ein erheblicher Teil davon auch im Magen der Kleinen landet.

Sobald die Welpen beigefuttert werden, verweigert die Hündin die Aufnahme des Welpenkotes, gleichzeitig lässt der Milchfluss nach. Manche Hündinnen würgen den Welpen Futter vor, für die Welpen ist das natürlich die beste Ernährungsweise, vorausgesetzt, die Hündin erhält welpenverträgliches Futter.

Unmittelbar wenn die Welpen aufhören zu fressen, nimmt man sie hoch und setzt sie auf die Zeitung, wo sie bleiben müssen, bis sie ihr Häufchen gemacht haben. Schon nach wenigen Tagen haben sie begriffen, was man von ihnen erwartet. Unsere Welpen dürfen den ganzen Abend mit den Erwachsenen frei herumlaufen. Alle 2 Stunden geht es vorsorglich zurück in den Auslauf auf die Zeitung. Sie merken sehr schnell, dass sie gleich wieder herausdürfen, wenn sie unsere Erwartungen befriedigt haben, und das klappt wie am Schnürchen.

Da die Welpen einen ausgeprägten Sinn für Reinlichkeit haben, muss deren Pipi-Ecke immer peinlich saubergehalten sein. Zeitungen müssen gleich nach Benutzung ausgewechselt werden.

Die vierte bis siebte Lebenswoche der Welpen bezeichnet man als Prägungsphase, eine Zeit, die für das spätere Mensch-Hund-Verhältnis ausschlaggebend ist. Wachsen die Welpen in diesem Zeitraum vorwiegend mit Hunden und nur mit wenig oder gar keinem menschlichen Kontakt auf, werden sie später nur mit Schwierigkeiten in das Familienleben einzugliedern sein. Sorgt der Züchter hingegen dafür, dass der Welpe in diesem Alter Vertrauen zum Menschen herstellen kann, erleichtert dies später ein natürliches Mensch-Hund-Verhältnis ganz wesentlich.

Mit Welpen sollte man viel spielen. Allerdings muss man sich dabei etwas bedächtiger bewegen, denn die Welpen wissen noch nicht, dass es gefährlich ist, Herrchen in die Füße zu laufen. Spiele mit alten Socken, Tüchern o.ä. sind besonders beliebt, und man kann dabei schon kleine, spielerische Raufereien um die Rangordnung beobachten. Schon jetzt zeichnet sich ab, welcher der Welpen sich zum friedfertigen Nachgeber und welcher sich zum rauflustigen Meuteführer entwickelt. Die Hündin geht keineswegs zimperlich mit den Kleinen um. Wenn sich einer der Welpen danebenbenimmt, wird das sofort mit einem kleinen Schnapper der Hündin bestraft, und der betroffene Welpe rennt laut kreischend davon, es hört sich nach echter Katastrophe an. Nach einigem Toben ziehen sie sich in ihre Schlafecke zurück und Minuten später ist aus der spielenden Meute ein buntes Knäuel geworden, aus dem in regellosem Durcheinander Köpfe, Beinchen und Schwänze herausragen. In diesem Alter sehen sie auch am niedlichsten aus; aus den unscheinbar mausartigen Säuglingen sind quicklebendige Plüschtierchen mit Schlappohren geworden, noch etwas unsicher auf den Beinen, aber zu jedem Unfug bereit. Darum sollte man sie auch nicht unbeaufsichtigt frei herumlaufen lassen.

In der achten Lebenswoche sollte man die Grundimmunisierung gegen Staupe, Hepatitis, Leptospirose und Parvovirose verabreichen lassen. Vorher hätte dies wenig Sinn, denn der Welpe hat noch zu viele Antikörper aus der Muttermilch, die die Impfung neutralisieren würden. Von der Injektion bleibt meist eine kleine Beule rechts oder links, der sogenannte Impfknoten. Man sollte in den folgenden Tagen beim Anfassen der Welpen darauf etwas Rücksicht nehmen, eine Berührung scheint ihnen äußerst unangenehm zu sein. Einige Tage nach der Impfung können Sommerbabies jetzt auch für einige Zeit in den Garten oder auf die Terrasse. Jetzt kann man auch fremde Besucher empfangen, um die Welpen gleich an den Kontakt mit anderen Menschen zu gewöhnen.

Beim Füttern muss man darauf achten, dass jeder Welpe ausreichend zum Zuge kommt. Bei Welpen mit festen Futterzeiten ohne die Möglichkeit, zwischendurch etwas zu sich zu nehmen, kann es nach wildem Spielen schon einmal passieren, dass der Blutzuckerspiegel plötzlich abfällt. Leider passiert es immer wieder, dass Züchter morgens bewusstlose oder gar tote Welpen im Auslauf vorfinden, die am Abend zuvor noch quietschvergnügt waren.

Die Bauchspeicheldrüse kann bei Welpen bis vier Monaten einen Blutzuckerabfall noch nicht zuverlässig regulieren. Die ersten Anzeichen sind unsicherer Gang, Schlappheit bis zur Bewußtlosigkeit. Dabei kühlt der Körper sehr schnell bis auf eine Temperatur von teilweise unter 35° aus. In der Folge verendet der Welpe an Kreislaufversagen. Abhilfe schafft man, indem man dem Welpen beim ersten Anzeichen gesättigte Traubenzuckerlösung mit einer Injektionsspritze ins Mäulchen träufelt. Nach einer Viertelstunde ist er meist wieder wie neu. Im fortgeschrittenen Stadium muss man ihn sofort warmlegen, ein Kreislaufmittel und ebenfalls gesättigte Traubenzuckerlösung geben. Der Schluckreflex funktioniert sehr lange; wenn dies nicht mehr der Fall ist, hilft nur eine Verabreichung mittels Magensonde.

Anders als beim Diabetiker kann der Blutzuckerspiegel nach oben immer reguliert werden, man kann also unbedenklich soviel Traubenzuckerlösung geben, wie sie der Magen maximal aufnehmen kann. Bei Welpen, die einmal eine solche Krise gehabt haben, muss man bis zu etwa vier Monaten immer darauf achten, dass sie ausreichend fressen. Die letzte Mahlzeit am späten Abend sollte kohlenhydratreich sein. Falls man den Welpen vor Ende der kritischen Phase abgibt, sollte der neue Besitzer unbedingt darüber informiert sein, um sich entsprechend darauf einstellen zu können.

In der zwölften Woche ist dann die Wiederholungsimpfung fällig, und kurz darauf beginnt die Zeit, da die Welpen einer nach dem anderen das Haus verlassen. Neben den Annehmlichkeiten der Welpenaufzucht müssen zwischenzeitlich einige Formalitäten erledigt werden, damit die Kleinen eine Ahnentafel erhalten: Innerhalb von einer Woche nach der Geburt muss der Wurf unter Angabe der Elterntiere, Wurfdatum, Wurfstärke und Farbe der Welpen beim Zuchtbuchamt gemeldet werden. Spätestens jetzt wird der Wurf in die Karteien der Welpenvermittlungsstellen des Verbandes aufgenommen. Einige Tage nach dieser Wurfvoranmeldung erhält der Züchter dann die Tätowiernummern für die Welpen. Bei Wurfstärken von mehr als 5 Welpen ist der Zuchtwart zur Wurfbesichtigung herzubitten. Ansonsten vereinbart man mit ihm einen Termin für die Wurfabnahme ab der achten Lebenswoche. Er besichtigt und tätowiert den Wurf oder im Falle, dass die Welpen gechipt wurden, überprüft er die Nummern. Dann kontrolliert und dokumentiert er noch Art und Sauberkeit der Unterbringung und eventuelle Fehler der Welpen. Gleichzeitig sieht er die Impfpässe der Welpen ein. Die entsprechenden Formulare werden ausgefüllt und zusammen mit der Originalahnentafel der Mutter und der Ahnentafelkopie des Vaters an die Zuchtbuchstelle geschickt. Innerhalb einer Woche erhält der Züchter dann per Nachnahme die Welpenahnentafeln.

Abgabe der Welpen

Käufer finden sich in der Regel durch Anzeigen in Tages- und Fachzeitschriften. Heute nimmt die Werbung über das Internet eine zunehmend gängige Werbefunktion ein, die meisten Züchter haben heute eine eigene Homepage, die meist mit der Homepage des betreuenden Zuchtverbandes verlinkt ist. Zusätzlich gibt es noch die telefonische Direktvermittlung über die Zuchtverbände. Es ist jedoch vor allem für den Erstzüchter nicht immer einfach, die Welpen unterzubringen. Ist es schon eine große Verantwortung, einen Wurf großzuziehen, so ist die Aufgabe, den richtigen Abnehmer für einen Welpen herauszufinden, unvergleichlich schwerer.

Wenn man Glück hat, findet man schon ein neues Zuhause für einen Welpen, solange dieser noch sehr jung ist; optimal wäre es, wenn der neue Besitzer vielleicht mehrmals vorbeikommen könnte oder sich wenigstens anhand von Telefonaten über die Entwicklung des Kleinen auf dem laufenden hielte, bevor er diesen endgültig abholt. So ist alles bestens auf das neue Familienmitglied vorbereitet.

Normalerweise ist es aber leider so, dass man sich nur anhand eines Gespräches innerhalb weniger Stunden entscheiden muss, ob das angebotene neue Zuhause für das Tier ein geeigneter Platz ist.

Man bemüht sich, in der kurzen Zeit soviel wie möglich über die eventuellen zukünftigen Besitzer herauszufinden, und jeder, der wirklich bestrebt ist, einem Hund ein optimales Zuhause zu bieten, wird diese Überprüfung gerne über sich ergehen lassen.

Bei einem Verkaufsgespräch ist es immer von Vorteil, wenn die ganze zukünftige Familie dabei ist, um sicherzugehen, dass auch jeder Einzelne mit der Anschaffung eines Hundes einverstanden ist. Ein einziges Familienmitglied, das den Hund ablehnt, kann dem Kleinen das Leben schwermachen. Es ist dringend davon abzuraten, einen Hund in eine Familie zu geben, in der beide Partner ganztägig berufstätig sind oder in der die Kinder einen wilden und unerzogenen Eindruck machen; ein Hund würde dort einen schweren Stand haben. Es ist gerade noch zu vertreten, wenn der Hund den Vormittag allein verbringen muss, und selbst dann wäre es gut, wenn er einen Spielkameraden hätte.

Es ist auch immer aufschlussreich zu wissen, ob die Interessenten bereits einmal einen Hund hatten, und was aus diesem geworden ist. Dringend abzuraten ist ein Verkauf als sogenanntes „Überraschungsgeschenk". Dabei spielt der Unsicherheitsfaktor, ob ein Hündchen überhaupt willkommen ist oder nur notgedrungen akzeptiert wird, eine große Rolle.

Wenn der Interessent zur Miete wohnt, ist unbedingt vorher mit dem Vermieter abzuklären, ob Hundehaltung gestattet ist, sonst läuft man Gefahr, dass der Welpe schneller wieder aus dem Haus muss als er hineingekommen ist. Für einen Züchter, dem am Schicksal seiner Tiere liegt, ist es selbstverständlich, dass er seinen Hund in so einem Fall wieder zurücknimmt.

Hat ein Kandidat nun die schwere Prüfung bestanden und sind die geschäftlichen Dinge abgeklärt, bedeutet das natürlich nicht, dass die Verantwortung für den

Welpen damit endet. Man sollte für seine Welpenkäufer immer zur Verfügung stehen, wenn Fragen und Probleme auftauchen.

Wir haben mit den meisten Hundebesitzern auch nach Jahren noch ein sehr herzliches Verhältnis, und wir freuen uns immer wieder, wenn wir nach längerer Zeit die neuesten Geschichten über unsere „Kinder" erfahren oder gar Gelegenheit haben, sie wiederzusehen. Für einen Züchter, der in die Zukunft schaut, fußt weitere Zuchtplanung immer auf den Ergebnissen aus den vorangegangenen Verpaarungen.

Beim Verkauf werden dem neuen Besitzer die Ahnentafel und der Impfpass überreicht; vom Verband wird ein Kaufvertrag herausgegeben, der Züchtern und Käufern gleichermaßen gerecht wird. Durch diesen werden auch Vorkaufsrechte für den Züchter gewahrt, sodass immer sichergestellt ist, dass man keinen seiner Schützlinge auf immer aus den Augen verliert.

Der ganze Stolz ihres Züchters

Es verleiht einem ein Gefühl der Befriedigung, wenn man seine Welpen zumindest gut untergebracht weiß, denn man kann sie natürlich nicht alle behalten. Wer sich nicht die Mühe machen will, eine wirklich passende Familie für jedes Tier zu finden, auch auf die Gefahr hin, auf dem einen oder anderen Welpen einige Zeit „sitzenzubleiben", der sollte besser niemals züchten.

Ernährung

Der Hund braucht mehr als Fleisch

Leben ist Bewegung. Leben ist Wachstum. Leben ist Stoffwechsel. Damit Lebensvorgänge ablaufen können, muss sich das Lebewesen ernähren. Der Zweck der Ernährung ist es, dem Körper Nährstoffe zuzuführen. Diese dienen der Bewegung, indem sie Energie liefern, dienen dem Wachstum, indem sie die Baustoffe darstellen, dienen dem Stoffwechsel, indem sie verbrauchte Substanzen ersetzen. Nährstoffe befinden sich in der Nahrung. Tiere sind von organischen Stoffen abhängig. Diese gehen sämtlich auf Stoffwechselprodukte der Pflanzen zurück.

Der Hund als Nachfahre des Wolfes steht am Ende der Nahrungskette. Er verwertet nicht die Pflanze selbst, sondern pflanzenfressende Tiere. Die wildlebenden Ahnen unseres Hundes verzehrten ihre Beute meist vollständig. Von daher geht der Begriff „Fleischfresser" am Kern vorbei. Denn nicht nur Muskelfleisch, sondern ebenso die Knochen, Sehnen, das Fell und natürlich die Innereien samt dem pflanzlichen Inhalt, wurden verschlungen. Treffender ist also die Bezeichnung „Beutetierfresser".

– Der Hund steht am Ende der Nahrungskette.
– Der Hund benötigt neben Fleisch auch Fett, Mineralstoffe, Vitamine und pflanzliche Materialien.
– Der Hund ist ein Beutetierfresser.

Das Verdauungssystem spaltet die Nahrung auf

Dem Wolf wie auch seinem Nachfahren Hund sind eine Reihe spezialisierter Organe eigen, mit denen er seine Nahrung beschaffen, zerkleinern und verwerten kann. Die Zähne dienen dem Ergreifen und Zerteilen der Beute. Mit Hilfe des Speichels gleitfähiger gemacht, gelangt die Nahrung durch die sehr dehnbare Speiseröhre in den Magen. Hier erfolgt eine erste Aufspaltung der einzelnen Bestandteile. Dieser Vorgang wird im Dünndarm fortgesetzt. Unverzichtbare Hilfe leisten dabei Verdauungsenzyme, die in der Bauchspeicheldrüse gebildet werden. Ihre Aufgabe ist die biochemische Zerkleinerung der Nährstoffe bis auf die Grundbausteine. Nur so zerlegt ist die Nahrung letztendlich verwertbar. Die Nährstoffe werden dann von der Darmschleimhaut aufgenommen und mit Hilfe des Blutkreislaufs in jede noch so entlegene Zelle des Körpers transportiert. Dort erst erfüllen sie ihre eigentliche Funktion. Im Muskel beispielsweise wird die biochemische Energie bestimmter Nährstoffe in Bewegungsenergie umgewandelt, im Knochen dienen andere Nährstoffe als Bausteine den Wachstumsvorgängen. Unverwertbare Bestandteile der Nahrung gelangen in den Dickdarm und werden wieder ausgeschieden.

– Die Nahrung muss aufgespalten werden, um verwertbar zu sein.
– Die Aufspaltung erfolgt hauptsächlich im Darm.
– Die Nährstoffe werden mit dem Blutkreislauf aus dem Darm in alle Körperzellen transportiert.

Hohe Energieausbeute nur bei hochverdaulicher Nahrung

Ob unser Chihuahua läuft, springt, mit dem Schwanz wedelt oder vielleicht nur daliegt und Herrchen oder Frauchen beim Lesen zuschaut – jeder dieser Vorgänge braucht Energie, sie ist die treibende Kraft aller Lebensvorgänge. Unser Hund bezieht sie aus seinem Futter. In biochemischer Form gespeichert, gelangt Energie in den Körper und wird dort in die unterschiedlichsten Lebensäußerungen umgewandelt. Bei diesen Umwandlungsprozessen gibt es Verluste. Über Kot und Harn werden Stoffe ausgeschieden, die noch Energie speichern. Auch

Wärmeverluste schmälern die Energieausbeute für den Organismus. Dennoch hat das Energieumwandlungssystem „Hund" einen höheren Wirkungsgrad als jedes vom Menschen ersonnene. Eines liegt jedoch auf der Hand: Je höher die Verdaulichkeit der Nahrung ist, desto geringer sind die Energieverluste für den Hund.

– Ohne Energie gibt es kein Leben.
– Die Energie ist in der Nahrung.
– Je höher die Nahrung verdaulich ist, desto besser wird sie verwertet.

Eiweiße sind Baustoff, Energieträger und Wirkstoff zugleich

Jeder Hund benötigt über fünfzig verschiedene Nährstoffe, und zwar Tag für Tag, ein Leben lang. Man kann diese der besseren Übersichtlichkeit halber in Hauptnährstoffgruppen zusammenfassen. Eine Wesentliche dieser Gruppen wird von den Eiweißen oder Proteinen gebildet. Sie stellen wichtige Körperbausteine dar. Nur eine einzige Körpersubstanz überhaupt enthält keine Eiweiße als Baustein, und das ist der Zahnschmelz. Alle anderen Gewebe, ob nun Muskel, Nerven, Haut oder innere Organe, bestehen in irgendeiner Form aus Eiweißen. Sogar der Knochen enthält nicht nur Mineralstoffe, sondern eben auch Gerüstproteine. Darüber hinaus werden wichtige Wirkstoffe wie Enzyme und Hormone durch Eiweiße aufgebaut. Außerdem sind Eiweiße eine Energiequelle für Hunde. Die Energieausbeute beim Abbau der Eiweiße ist jedoch nicht besonders hoch. In dieser Hinsicht ist die Nutzung von Fetten effizienter. Fette sind die für den Hund günstigste Energiequelle. Die Ausbeute bei ihrem biochemischen Abbau ist um etwa ein Drittel höher als bei Eiweißen. Fette sind jedoch nicht nur Energielieferanten. Sie stellen auch wichtige Bausteine für Zellmembranen dar und sind unverzichtbarer Bestandteil von bestimmten Hormonen und Vitaminen. Kohlenhydrate kommen in der Natur in großen Mengen in Pflanzen vor. Das Verdauungssystem des Hundes kann diese nur in erhitzter Form spalten. Dann stellen einige Kohlenhydrate jedoch gute Energielieferanten dar. Weiterhin dienen Kohlenhydrate als Ballaststoffe. In dieser Funktion regen sie die Darmbewegung an und sind so für die Passage der Nahrung durch den Darm unerlässlich. Ebenso wichtige, jedoch grundsätzlich andere Aufgaben erfüllen die Mineralstoffe. Die

In bester Verfassung

bekanntesten unter ihnen, Kalzium und Phosphor, bilden die Hauptbestandteile der Knochen. Sie fungieren also als Baustoff. Andere Mineralstoffe werden im Stoffwechsel von Substanzen benötigt, welche Steuer- und Regelungsmechanismen bedienen. So gibt es eine Reihe von Enzymen und Hormonen, die ohne die Anwesenheit bestimmter Mineralstoffe wirkungslos blieben. Weiterhin laufen so wichtige Vorgänge wie Blutgerinnung, Muskelkontraktionen oder die Erregungsleitung in Nerven nur ab, wenn die dazugehörigen Mineralstoffe dem Körper über die Nahrung zugeführt werden. Die Gruppe der Mineralstoffe kann man noch einmal unterteilen in Mengenelemente (von diesen wird ein bedeutendes Quantum täglich benötigt) und Spurenelemente (hiervon reichen oft schon ganz geringe Mengen im Mikrogrammbereich aus). Schließlich müssen noch die Vitamine in der Nahrung sein, von denen es fettlösliche und wasserlösliche gibt. Vitamine haben lebenswichtige Steuerfunktionen, dienen dem Sehvermögen, der Krankheitsabwehr oder dem Energiestoffwechsel.

– Eiweiße sind Baustoff, Energieträger und Wirkstoff zugleich.
– Fette sind die günstigste Energiequelle.
– Mineralstoffe bauen das Skelett auf und steuern lebenswichtige Vorgänge im Stoffwechsel
– Vitamine regeln unverzichtbare Lebensprozesse.

Wachsende Hunde benötigen spezielle Nahrung

Die moderne Tiermedizin hat die Besonderheiten des Hundestoffwechsels genau untersucht. So besteht heute die Möglichkeit, nicht allein den Energiebedarf eines heranwachsenden Hundes genau anzugeben, sondern auch seinen Bedarf an Kohlenhydraten, Eiweißen und Fetten sowie Mineralstoffen und Vitaminen. Dies ist entscheidend, wenn man das Ziel hat, durch eine artgerechte

Bilanzierung von Nahrungsbestandteilen eine gesunde Hundeentwicklung zu fördern. Ein gutes Beispiel dafür ist der Bewegungsapparat. Mit Hilfe von Messungen der Wachstumsgeschwindigkeit der Knochen, Röntgenaufnahmen des Bewegungsapparates, Bestimmungen der Knochendichte, Vergleich von vielen hundert gesund aufgewachsenen Hunden und weiteren Untersuchungsverfahren ist der Bedarf an Kalzium und Phosphor genau festgestellt worden. Aufgrund dieser Zahlen sind wissenschaftlich exakte Empfehlungen für die Versorgung mit diesen Mengenelementen möglich - und zwar jeden Monat im Leben eines wachsenden Hundes.

Wegen des hohen Bedarfs der Welpen an knochenaufbauenden Mineralstoffen liegt der Kalzium- und Phosphorbedarf in den ersten beiden Lebensmonaten rund viermal höher als beim erwachsenen Hund. Mit zunehmender Mineralisierung der Knochen nimmt er im Laufe des Wachstums stetig ab.

Um ein gleichmäßiges Knochenwachstum und eine gesunde Skelettentwicklung zu erreichen, kann die Versorgung mit Kalzium und Phosphor eigentlich nur durch eine ausgewogene, altersangepasste Vollnahrung problemlos gewährleistet werden.

Eine Selbstherstellung von Hundenahrung ist wegen der möglichen Unter- oder Überversorgung mit lebenswichtigen Nährstoffen insbesondere bei Welpen sehr kritisch. So ist in „Eigenmischungen" das Kalzium/ Phosphor-Verhältnis meist nicht korrekt ausbilanziert.

Die Wachstumsrate junger Hunde und die Unterschiede zwischen einzelnen Hunden werden übrigens nicht allein durch Erbanlagen bestimmt. Auch äußere Faktoren wie Ernährung, Klima oder Krankheiten sind wichtig. Eine optimale Gestaltung der äußeren Einflußfaktoren kann das Wachstum im positiven Sinne beeinflussen - also eine artgerechte, angemessene Ernährung, gute Haltungsbedingungen und eine vernünftige Krankheitsverhütung, zum Beispiel durch Impfungen. Da es bei jedem Hund Unterschiede der äußeren Bedingungen gibt, variiert die Gewichtsentwicklung von Individuum zu Individuum ein wenig. Das bedeutet, dass es immer Abweichungen des altersentsprechenden Körpergewichtes von den wissenschaftlich ermittelten Durchschnittswerten gibt. Diese Unterschiede sind aber nicht nur von wissenschaftlichem Wert. In der Praxis ergeben sich aus den natürlichen Differenzen bei der Wachstumsgeschwindigkeit Unterschiede beim Bedarf der wachsenden Hunde an Energie, Eiweißen und insbesondere auch Mineralstoffen. Dies muss bei der Ernährung von Welpen und Junghunden bedacht und einkalkuliert werden.

Das Verdauungssystem und der Stoffwechsel von Welpen weisen eine Reihe von Besonderheiten auf. Der Magen ist noch relativ klein, sodass nur eine begrenzte Menge Nahrung aufgenommen werden kann. Eine eingeschränkte Speicherfunktion des Magens macht eine häufige Nahrungsaufnahme notwendig.

Einige Körpergewebe beziehungsweise Organsysteme sind während der ersten Lebensmonate ganz besonders auf eine richtig zusammengesetzte Nahrung angewiesen, um sich so entwickeln zu können, wie es die Natur vorgesehen hat. Hierzu gehören Bewegungsapparat, Abwehrsystem, Fortpflanzungssystem, Haut und Fell sowie Lunge und Atemwege. Anders als das Herz-Kreislauf-System des jungen Hundes, das sich schon im Mutterleib fast vollständig entwickelt hat, reift beispielsweise der Bewegungsapparat erst später aus.

So sind nach der Geburt zwar sämtliche Knochen beim Welpen angelegt und vorhanden, bestehen aber überwiegend noch aus Knorpel, also einem Gewebetyp, der zwar sehr elastisch ist, jedoch nur eine geringe Festigkeit hat. Dieses bindegewebige Gerüst wandelt der Organismus nach und nach zum tragfähigen Knochen um, indem er Mineralstoffe – vor allem Kalzium und Phosphor – einlagert. So entwickelt der Junghund im Laufe vieler Monate die biologisch notwendige Festigkeit seiner Knochen. Solange bleibt den noch nicht voll mineralisierten Knochen die Möglichkeit, weiter zu wachsen. Erst gegen Ende der Wachstumsperiode des Hundes verschließen sich die Wachstumsfugen der Knochen, die bis dahin ein Längenwachstum ermöglicht haben. Im gesamten Zeitraum der Knochenbildung muss also die Zusammensetzung der Nahrung optimal auf die Bedürfnisse des Knochenwachstums eingestellt sein.

Junge Hunde haben keinen Schutzmechanismus vor überhöhter Kalziumzufuhr mit der Nahrung wie erwachsene Tiere.

Unter dem Einfluss von Hormonen wird ein eventueller Kalziumüberschuss überwiegend in den Knochen eingelagert, was im Endeffekt zu einer gesteigerten und gleichzeitig gestörten Verknöcherung führt. Die daraus resultierenden Skelettdeformierungen und Bewegungseinschränkungen sind im späteren Lebensalter nicht Wiedergutzumachen. Die Empfehlung, Junghunden eine Kalziumergänzung selbst bei Verwendung einer vollständigen und richtig bilanzierten Vollnahrung zukommen zu lassen, ist wissenschaftlich nicht haltbar. Wegen der möglichen Gefahren ist die Gabe von kalziumreichen Nahrungsadditiven deswegen zu vermeiden. – Wachsende Hunde haben zwar einen höheren Energiebedarf da zum Beispiel das heranwachsende Skelett mehr als doppelt so viele Mineralstoffe braucht wie der Hund bei der Normalversorgung benötigen würde. Spezielle Welpennahrung deckt diese Bedürfnisse jedoch vollständig ab.

Rotfarbene Langhaar-Chihuahuas

Fertignahrung ist hochwertig, sicher und bequem

Wie wir gesehen haben, benötigen Hunde sehr viele verschiedene Nährstoffe. Diese müssen nicht nur in der optimalen Menge, sondern auch im richtigen Verhältnis zueinander in der Nahrung sein. Hinzu kommen besondere Lebenssituationen wie Wachstum, Phasen hoher körperlicher Belastung, Trächtigkeit oder Alter. Jede dieser Situationen bringt veränderte Nährstoffansprüche mit sich. Verdaulichkeit und Schmackhaftigkeit des Futters sollen auch gewährleistet sein, damit der Hund den Napf leert. Wollten wir unserem Hund selbst die tägliche Nahrung bereiten, hätten wir das alles zu beachten. Wir müssten den Gehalt der Ausgangsmaterialien an Eiweißen, Fetten, Mineralstoffen und Vitaminen genau kennen. Wer jedoch misst die Menge essentieller Aminosäuren oder den Vitamingehalt eines Stückes Fleisch? Wieviel Kalzium ist denn nun in der Messerspitze Futterkalk enthalten? Und was ist mit der Zeit, die wir für die tägliche Futterration unseres vierbeinigen Freundes benötigen würden?

Am sichersten ist die Verwendung qualitativ hochwertiger Fertignahrung, wie sie von verantwortungsbewussten, erfolgreichen Züchtern empfohlen wird. Alle Nährstoffe sind in richtiger Menge und optimalem Verhältnis enthalten. Man kann genau portionieren, die Fütterung ist sauber, schnell und bequem. Das deutsche Futtermittelrecht regelt die Zusammensetzung streng und genau. Es dürfen nur einwandfreie Rohmaterialien von gesunden Tieren und Pflanzen verwendet werden. Fertignahrung ist also der beste und sicherste Weg, unseren Hund richtig und gesund zu ernähren. Und schmecken wird es ihm ganz gewiss.

– Futterselbstzubereitung ist kompliziert, zeitraubend und erfordert Spezialkenntnisse.
– Fertignahrung ist sicher, hat hohe Qualität und erfüllt alle Nährstoffansprüche des Hundes.

Wichtige Tipps zur Fütterung Ihres Hundes

1. Achten Sie bitte darauf, Futterumstellungen langsam und schrittweise über etwa 1 Woche durchzuführen, sodass sich der Verdauungstrakt des Hundes an die neue Nahrung gewöhnen kann. Ansonsten sind Durchfälle die unabwendbare Folge.
2. Füttern Sie stets zur gleichen Zeit und am gleichen Ort, weder zu heiß noch zu kalt (nie direkt aus dem Kühlschrank).
3. Bei der Verwendung von Fertignahrungsmitteln, die als „Alleinfutter" deklariert sind, erhält Ihr Chihuahua alle lebensnotwendigen Nährstoffe in ausgewogener Zusammensetzung für ein langes, gesundes Hundeleben.
4. Ein Welpe braucht zu Beginn seines Lebens etwa doppelt soviel Nährstoffe und Energie wie ein ausgewachsener Chihuahua, deshalb füttern Sie in der Wachstumsphase ein Fertigfutter, welches für wachsende Hunde bestimmt ist.
5. Chihuahuas haben im Verhältnis zu ihrem Körpervolumen eine größere Körperoberfläche; sie sind in der Regel sehr aktiv und haben einen hohen Stoffwechsel. Daraus ergibt sich ein erstaunlich hoher Energiebedarf.
6. Chihuahuas sind in ihren Futtergewohnheiten sehr unbeständig, und so kann es vorkommen, dass sie an einem Tag Unmengen fressen, um danach ein bis

zwei Tage zu fasten. Dies ist ein Zeichen dafür, dass die Rasse noch über ein natürliches Gefühl für Hunger und Sattsein verfügt. Wenn Ihr Chihuahua also einen freiwilligen Fastentag einlegt und sich dabei sichtlich wohlfühlt, sollten Sie ihn nicht zum Fressen animieren.

7. Füttern Sie Ihrem Chihuahua nur die Menge Nassfutter, die er auch auffrisst. Futterreste verderben schnell, und sie ziehen Fliegen magisch an. Trockenfutter darf immer bereitstehen.

8. Frisches Wasser muss Ihr Chihuahua stets zur Verfügung haben, dies gilt insbesondere dann, wenn Trockenfutter gereicht wird, sonst sind ernsthafte gesundheitliche Schäden (Nieren!) die Folge.

9. Füttern Sie Fleisch bitte nur im abgekochten Zustand, bei der Fütterung von rohem Fleisch besteht Infektionsgefahr.

10. Bei der Verwendung eines hochwertigen Fertigfutters brauchen Sie keinerlei Zusatzstoffe oder Ergänzungsfuttermittel zusätzlich zu füttern.

11. Bei älteren Chihuahuas ist es zur leichteren Verdauung angebracht, die Futtermenge wie beim Welpen in 2–3 Mahlzeiten aufzuteilen. Die verwendeten Eiweiße müssen hochwertig und hochverdaulich sein.

12. Übergewichtige Chihuahuas sollten, wenn Fertigfuttermittel verabreicht werden, die fett- und eiweißreduzierten „Light-Produkte" erhalten.

Gesundheit

Impfungen

Beim Kauf eines zwölf Wochen alten Welpen ist dieser in der Regel zweimal geimpft: Er hat dann die Grundimmunisierung gegen Staupe, Hepatitis, Leptospirose und Parvovirose (Katzenseuche) im Alter von etwa sieben Wochen mit Wiederholungsimpfung im Alter von etwa 11 Wochen erhalten. Bei diesem Impfprogramm muss der neue Besitzer nach etwa zwei Monaten die Tollwutimpfung noch durchführen lassen. Staupe, von der man noch vor einigen Jahren angenommen hatte, dass sie so gut wie ausgerottet sei, ist durch die Importe aus den Ostblockländern in den letzten Jahren wieder sehr aktuell geworden. Die Parvovirose ist erst seit etwa 1981 bekannt; sie ist äußerst ansteckend und führt bei zu spätem Erkennen, vor allem bei jungen Hunden, fast immer innerhalb weniger Stunden oder Tage zum Tod. Erste Anzeichen sind Erbrechen und – oft blutiger – Durchfall bei gleichzeitiger Verweigerung von Nahrungsaufnahme, den Tieren geht es sichtlich sehr schlecht, und der Kräfteverfall erfolgt sehr schnell. Nachimpfungen haben wie nachstehend zu erfolgen: Tollwut, Katzenseuche, Leptospirose – einmal jährlich; Staupe und Hepatitis – einmal alle zwei Jahre. Die Tollwutimpfung sollte man keinesfalls versäumen, zumal für Auslandsreisen und Ausstellungen eine gültige Impfbescheinigung (mindestens vier Wochen alt, aber nicht älter als zwölf Monate) nachgewiesen werden muss.

Vier Multi-Champion-Deckrüden in blau-tricolour, rot-salbe mit maske, rot und black & tan

Flöhe und Läuse

Selbst dem gepflegtesten Hund kann es passieren, dass er sich einen Floh fängt. Meist erfolgt die Übertragung durch andere Hunde oder an Orten, an denen viele Tiere zusammenkommen. Igel und streunende Katzen haben ebenfalls einen Flohbefall, von dem sie anderen Tieren gerne „etwas abgeben".

Bei hellen Tieren sind die Flöhe relativ leicht zu erkennen, bei dunklen ist das schwieriger. In jedem Fall kratzt und beißt sich der Hund auffallend. Bei genauerer Untersuchung findet man dann, vor allem hinter den Ohren oder über dem

Auch schwimmen kann nicht schaden

Rutenansatz, den schwarzen, kaffeesatzähnlichen Flohdreck. Flöhe vermehren sich durch Eier, die recht widerstandskräftig sind. Leider ist der Floh ein wichtiges Glied in der Vermehrungskette des Hundebandwurms. Wird ein infizierter Floh vom Hund verschluckt, kann dieser einen Bandwurm bekommen.

Läuse ernähren sich wie Flöhe vom Blut des Hundes. Sie werden etwa 1 bis 3 mm groß, sind länglich und bewegen sich wesentlich langsamer als Flöhe.

Gegen Flöhe und Läuse gibt es heute effektive systemische Mittel, die vom Tierarzt verschrieben werden. Sie werden als Flüssigkeit tropfenweise im Nackenbereich einmassiert und bewirken, dass Flöhe über Wochen sicher abgetötet werden, wenn sie Blut von einem so behandelten Hund saugen. Lediglich Welpen und gedeckte Hündinnen dürfen nicht damit behandelt werden.

Zecken

Im Sommer kann es vorkommen, dass Ihr Hund eine oder mehrere Zecken von einem Spaziergang mitbringt. Sie sind leicht zu entfernen, indem man sie mit einer Drehbewegung nach links (im Gegen-Uhrzeigersinn) herauszieht; dabei sollten Sie mit der anderen Hand die Haut des Hundes nach unten drücken. Der Kopf darf niemals steckenbleiben, da er böse Entzündungen hervorrufen kann. Geben Sie anschließend auf die Stelle etwas antiseptischen Puder oder Tinktur. Leider können Zecken eine gefährliche Krankheit (Meningitis) übertragen. Insbesondere im süddeutschen Raum und im angrenzenden Ausland ist die Gefahr besonders groß. Es wäre anzuraten, dass Hunde, die sich regelmäßig in zeckenbefallenen Gebieten aufhalten, vorbeugend gegen diese Krankheit geimpft werden.

Anstelle von Zeckenhalsbändern sind heute ähnlich der Flohprophylaxe ebenfalls systemische Produkte zu empfehlen. Sie wirken so, dass eine Zecke sich schon gar nicht an einem behandelten Hund festbeißt. Um Mehrfachbehandlung zu vermeiden, gibt es inzwischen schon Kombipräparate, die neben Ungezieferpropylaxe auch wirksam gegen Wurmbefall sind.

Analbeutelentzündung

Das wohl jedem Kleinhundebesitzer bekannte „Schlittenfahren" – der Hund rutscht auf dem Hinterteil über den Boden - muss nicht, wie häufig angenommen, ein Zeichen für Wurmbefall sein, sondern deutet fast immer auf eine ungenügende Entleerung der Analbeutel hin. Die Analbeutel sind zwei seitlich vom After gelegene Drüsen, deren Sekret den After bei Stuhlentleerung gleitfähig machen soll. Daneben verleihen sie dem Kot eine „individuelle Duftnote".

Wenn sich die Drüsen, bedingt durch anhaltend zu weichen Kot, nicht leeren können, entsteht ein Juckreiz, auf den der Hund mit dem typischen „Rutschen" reagiert. In diesem Fall müssen die Drüsen ausgedrückt werden, da sonst schmerzhafte Entzündungen oder gar Abszesse entstehen können. Lassen Sie sich das Ausdrücken am besten vom Tierarzt zeigen.

Würmer

Bei dem engen Familienkontakt der Zwerghunde muss es eine Selbstverständlichkeit sein, dass eine regelmäßige Entwurmung stattfindet.

Bei festgestelltem Wurmbefall wird natürlich sofort behandelt. Spulwürmer findet man beim Hund am häufigsten. Sie werden mit dem Kot ausgeschieden, sehen aus wie ein Stück weißer Bindfaden und können eine beachtliche Länge bis zu

10 cm erreichen. Zur Entwurmung verwendet man am besten Banminth (verschreibungspflichtig) aus der Apotheke. Diese Paste ist leicht zu verabreichen und völlig unschädlich.

Der Welpe sollte erstmals ungefähr an seinem 20. Lebenstag entwurmt werden, danach folgt eine Wiederholung in der 5. und 8. Lebenswoche. Ich habe es mir zur Angewohnheit gemacht, die Entwurmungs-Termine, ebenso wie die

Für einen entschlossenen Chihuahua ist keine Treppe zu steil

Impftermine, in einen Wandkalender einzutragen, sodass nicht immer wieder nachgerechnet werden muss.

Methoden zur Verhütung

Eine geschlechtsreife Hündin wird in der Regel etwa alle sechs Monate läufig. In dieser Zeit kann sie gedeckt werden. Um eine Fehldeckung zu vermeiden, gibt es nachstehende Möglichkeiten: Hormonelle Verhütung

Tabletten, während der Läufigkeit verabreicht, verhindern eine Befruchtung Tabletten oder Spritze, etwa vier bis sechs Wochen vor der zu erwartenden Läufigkeit gegeben, lassen die Hitze ausfallen.

Vor allem die zweite Möglichkeit findet häufig Anwendung.
Da diese Art der Verhütung jedoch ständig, d.h. vor jeder Hitze wiederholt werden

muss, können sich im Laufe der Zeit Störungen im Hormonhaushalt bemerkbar machen. Bei Hündinnen, die später zur Zucht verwendet werden sollen, ist eine hormonelle Läufigkeitsunterbindung nicht anzuraten.

Sterilisation

Unterbindung der Eileiter. Die Hündin wird danach zwar noch läufig, da jedoch die Eier nicht in die Gebärmutter gelangen können, kann eine Einnistung nicht mehr stattfinden. Diese Methode wird selten durchgeführt.

Kastration

Operative Entfernung der Eierstöcke. Der Eingriff kann in seltenen Fällen unerwünschte Nebenwirkungen wie Gewichtszunahme und Haarveränderungen nach sich ziehen.

Vorteil: Die Hündin wird garantiert nicht mehr läufig. Es ist anzuraten, gleichzeitig die Gebärmutter zu entfernen, da somit das Risiko einer späteren Gebärmutterentzündung entfällt.

Wir lassen seit Jahren alle Hündinnen kastrieren, die nicht oder nicht mehr zur Zucht verwendet werden sollen. Vor dieser Operation sollte die Hündin mindestens eine, besser zwei Läufigkeiten gehabt haben.

Falls es doch zu einem ungewollten Deckakt gekommen ist und die Hündin den eventuellen Wurf nicht austragen soll, kann man innerhalb von vier Tagen eine Spritze verabreichen lassen, die eine Trächtigkeit verhindert. Heute sind die Nebenwirkungen einer solchen „Abtreibung" sehr gering.

Der alte Hund

Chihuahuas können bekanntlich sehr alt werden, 15 bis 17 Jahre sind keine Seltenheit; der älteste bekannte Chihuahua soll 25 Jahre alt geworden sein und dabei keinesfalls an Altersschwäche, sondern an den Folgen eines Autounfalls gestorben sein.

Da die Rasse keine Disposition für bestimmte Erkrankungen hat, mit Ausnahme von Herzproblemen, die jedoch meist erst nach dem 10. bis 12. Lebensjahr auftreten,

Kurzhaartrio

erreichen die Hunde dieses hohe Alter erstaunlich oft ohne jegliche Beschwerden und sind noch überraschend vital. Die Voraussetzung für eine hohe Lebenserwartung wird allerdings schon in der Jugend geschaffen: durch ausgewogene Ernährung, regelmäßige Bewegung und indem man dem Hund ein hundegerechtes, glückliches Dasein verschafft. Eine erbliche Disposition für hohes Alter ist nachgewiesen. Der ältere Hund hat allgemein ein größeres Schlafbedürfnis. Als Ausgleich dazu ist der Kalorienbedarf, natürlich auch bedingt durch weniger Bewegung, geringer. Dies sollte man berücksichtigen, ohne den Hund allzusehr zu schonen. Das Futter sollte jetzt etwas fett- und kohlenhydratärmer sein dafür mehr Obst und Gemüse enthalten. Bei manchen Hunden wird es notwendig, das Gewicht zu kontrollieren.

Alte Hunde müssen öfter ausgeführt werden, da die Belastbarkeit von Blase und Darm nachlässt. Solange der Hund noch gut zu Fuß ist, können auch längere Spaziergänge beibehalten werden. Nach einem Regenspaziergang sollte er jetzt jedoch gründlich getrocknet werden, denn feucht einzuschlafen ist nicht gut für ihn.

Ansonsten sollte er wie früher gehalten und behandelt werden, denn Alter ist schließlich keine Krankheit.

Noch eine Anmerkung zur Lebenserwartung des Chihuahuas. Immer wieder ist diese mit „bis 25 Jahre" angegeben. So alte Chihuahuas mag es zweifellos geben, aber sie sind die absolute Ausnahme!

Wir selbst hatten eine Linie, die sehr alt wurde. 3 Hunde in unserem eigenen Besitz wurden über 20Jahre alt, einer 22. Einige Hunde aus unserer Zucht in Privatbesitz ebenfalls über 20.

Man darf sich hier jedoch keine Illusionen darüber machen, dass diese Hunde in ihrer letzten Phase „Pflegefälle" sind. Zu gesund zum Sterben – aber eigentlich auch

Trio beim Wanderausflug

nicht mehr geeignet für Leben im eigentlichen Sinne. Wie alte Menschen sind sie nicht mehr belastbar. Mitnehmen kann man sie nicht mehr, das wird ihnen zuviel – alleine zuhause lassen kann man sie auch nicht. Als Rudeltier suchen sie besonders im Alter und in der Gebrechlichkeit den Schutz in der „Meute". Auch kurzfristiges Alleinsein verursacht echte Verlassensängste.

Die durchschnittliche Lebenserwartung eines Chihuahuas liegt real bei bis zu 17 Jahren, dieses Alter kann er mit einer einigermaßen akzeptablen Lebensqualität erreichen. Nur in ganz wenigen Ausnahmefällen werden auch Chihuahuas lebenswert älter als 18 Jahre.

Fünf Generationen nebeneinander: Zwischen Rajah (links außen) und dem Welpen Elliot vom Scillawald (rechts außen) liegen 14 Jahre